普通高等教育创新型人才培养规划教材

电 工 实 训

主　编　顾冬华
副主编　杨　立　孙　冬
主　审　王俊杰

北京航空航天大学出版社

内 容 简 介

本书是作者在近年来实验教学基础上编写而成的。本书共 11 章。分别介绍了安全用电常识，电工基本操作工艺，电工常用仪表，常用室内配线方式及照明电路的安装，常用低压电器，三相异步电动机控制电路的安装、调试与维修，三相异步电动机的基本控制电路，三相异步电动机控制电路技能考核，可编程控制器，触摸屏和变频器的基础知识及相应的实验。第 11 章为附录，介绍了电工仪表、电气设备、低压电器的图形、符号和含义。

书中内容丰富，不仅适合理工类高等院校、高职高专院校和各类成人教育学校的电类、机电类专业学生使用，同时也可供相关技术人员学习参考和自学。

图书在版编目(CIP)数据

电工实训 / 顾冬华主编. -- 北京：北京航空航天大学出版社，2018.6
ISBN 978-7-5124-2674-0

Ⅰ.①电… Ⅱ.①顾… Ⅲ.①电工技术—教材 Ⅳ.①TM

中国版本图书馆 CIP 数据核字(2018)第 045796 号

版权所有，侵权必究。

电 工 实 训
主　编　顾冬华
副主编　杨　立　孙　冬
主　审　王俊杰
责任编辑　金友泉

＊

北京航空航天大学出版社出版发行

北京市海淀区学院路 37 号(邮编 100191)　http://www.buaapress.com.cn
发行部电话：(010)82317024　传真：(010)82328026
读者信箱：goodtextbook@126.com　邮购电话：(010)82316936
涿州市新华印刷有限公司印装　各地书店经销

＊

开本：710×1000　1/16　印张：16.5　字数：352 千字
2018 年 6 月第 1 版　2018 年 6 月第 1 次印刷　印数：2 000 册
ISBN 978-7-5124-2674-0　定价：38.00 元

若本书有倒页、脱页、缺页等印装质量问题，请与本社发行部联系调换。联系电话：(010)82317024

前　言

  本书以培养学生电工实际操作能力为目的，使学生能了解安全用电的基本知识和急救常识、电工的基本操作工艺，掌握电工器件的识别与测试方法，熟悉电工工具和仪器设备的使用，能够完成简单电气线路的安装与检修，了解三相异步电动机基本控制电路原理及检修知识；对于控制类专业的学生，还要求掌握基于可编程控制器的三相异步电动机控制系统设计原理和安装调试及触摸屏和变频器的使用。通过本书的学习，使学生能独立运用这些知识，分析和解决在后续专业课及生活生产中出现的电气方面的问题，成为初步具有解决电气工程实际问题的能力，能满足生产一线需要的应用型高技能人才。

  本书旨在培养学生的电工基本技能，训练并规范其动手能力，使学生真正获得电工技术工艺和操作的基本知识以及基本技能，为其今后走向社会奠定良好的基础。本书作者长期工作在教学一线，具有很强的实践能力和丰富的教学经验，编写时，力求使教材由浅入深，通俗易懂，并具有实践性和可操作性。

  各院校可根据自身的实训条件、设备情况、专业方向和学生程度，对教材的内容和教学进度作适当灵活的调整。

  本书内容丰富，不仅适合理工科类高等院校、高职高专院校和各类成人教育电类、机电类专业学生使用，同时也可供相关技术人员学习参考和自学。

  郑州轻工业学院的顾冬华编写了第9章和10章，并负责全书的统稿及协调工作；郑州轻工业学院的杨立编写了第2章和3章；郑州轻工业学院的韩振宇编写了第6章；郑州轻工业学院的孙冬编写了第5章；郑州轻工业学院的黄思晨编写了第7章；郑州轻工业学院的王俊杰担任本书的主审并负责编写了第4和11章；郑州轻工业学院的周振编写了第8章；郑州工业学院的郭根编写了第1章。

  由于我们的水平有限，书中的不妥之处，衷心欢迎读者，特别是使用本书的教师和同学们批评、指正，提出改进意见。

编 者

2017 年 12 月于郑州

目 录

第1章 安全用电常识 ·· 1
1.1 有关人体触电的知识 ·· 1
1.1.1 触电的种类和方式 ·· 1
1.1.2 电流伤害人体的因素 ·· 3
1.2 安全电压 ·· 4
1.3 触电原因及预防措施 ·· 6
1.3.1 触电的常见原因 ·· 6
1.3.2 预防触电的措施 ·· 6
1.4 触电急救 ·· 8
1.4.1 触电的现场抢救措施 ·· 8
1.4.2 口对口人工呼吸法 ·· 10
1.4.3 胸外心脏压挤法 ·· 12
1.5 思考与练习 ·· 13

第2章 电工基本操作工艺 ·· 14
2.1 常用电工工具 ·· 14
2.1.1 通用电工工具 ·· 14
2.1.2 线路装修工具 ·· 18
2.2 电工基本技能的训练 ·· 23
2.2.1 导线的选择与线径的测量 ·· 23
2.2.2 常用导线的连接 ·· 26
2.2.3 导线线头的连接 ·· 28
2.2.4 导线的封端 ·· 36
2.2.5 线头绝缘层的恢复 ·· 37
2.3 思考与练习 ·· 37

第3章 电工常用仪表 ·· 38
3.1 钳形电流表 ·· 38
3.2 指针式万用表（500型） ·· 39
3.3 数字万用表（DT-9202型） ·· 43
3.4 兆欧表 ·· 45
3.5 接地电阻测试仪 ·· 48
3.6 思考与练习 ·· 50

第4章 常用室内配线方式及照明电路的安装 ·· 51
4.1 常用室内配线方式 ·· 51
4.1.1 瓷绝缘子配线 ·· 51
4.1.2 塑料护套线配线 ·· 55

4.1.3　塑料槽板配线 ··· 57
　　　4.1.4　塑料 PVC 管配线 ·· 59
　4.2　灯具、开关、插座的安装 ··· 62
　　　4.2.1　常用照明灯具、开关、插座的安装 ·· 62
　　　4.2.2　临时照明灯具和特殊用电场所照明装置的安装 ······················· 71
　4.3　照明线路综合实训 ·· 72
　　　4.3.1　实训一　电度表的安装及使用 ·· 73
　　　4.3.2　实训二　护套线照明线路的安装 ··· 75
　　　4.3.3　实训三　线管照明线路的安装 ·· 78
　　　4.3.4　实训四　荧光灯电路的安装 ··· 82
　4.4　思考与练习 ··· 85

第 5 章　常用低压电器

　5.1　低压电器概述 ··· 86
　　　5.1.1　电器的定义和分类 ··· 86
　　　5.1.2　低压电器结构的基本特点 ·· 87
　　　5.1.3　低压电器的主要性能参数 ·· 87
　5.2　常用低压电器 ··· 88
　　　5.2.1　刀开关 ··· 88
　　　5.2.2　组合开关 ··· 91
　　　5.2.3　低压断路器 ·· 93
　　　5.2.4　熔断器 ··· 96
　　　5.2.5　按　钮 ·· 101
　　　5.2.6　行程开关 ·· 103
　　　5.2.7　万能转换开关 ··· 105
　　　5.2.8　接触器 ·· 107
　　　5.2.9　电磁式继电器 ··· 113
　　　5.2.10　中间继电器 ··· 114
　　　5.2.11　热继电器 ·· 115
　　　5.2.12　时间继电器 ··· 119
　5.3　思考与练习 ··· 124

第 6 章　三相异步电动机控制电路的安装、调试与维修

　6.1　三相异步电动机 ··· 125
　　　6.1.1　三相异步电动机的结构 ··· 125
　　　6.1.2　三相异步电动机的工作原理 ·· 127
　　　6.1.3　三相异步电动机的铭牌 ··· 127
　　　6.1.4　三相异步电动机的接线 ··· 129
　　　6.1.5　电动机定子绕组首、尾端的判别 ··· 129
　6.2　控制电路的制图原则和安装步骤 ·· 130

目 录

  6.2.1 控制电路图 ………………………………………………………… 131
  6.2.2 控制电路的安装步骤 ………………………………………………… 135
 6.3 电气控制线路故障检查方法 …………………………………………………… 137
  6.3.1 故障查询法 …………………………………………………………… 137
  6.3.2 通电检查法 …………………………………………………………… 137
  6.3.3 断电检查法 …………………………………………………………… 140
  6.3.4 电压检查法 …………………………………………………………… 141
  6.3.5 电阻检查法 …………………………………………………………… 142
  6.3.6 短接检查法 …………………………………………………………… 143
 6.4 思考与练习 ……………………………………………………………………… 144

第7章 三相异步电动机基本控制电路 ……………………………………………… 145
 7.1 三相异步电动机的正转控制线路 ……………………………………………… 145
  7.1.1 点动正转控制线路 …………………………………………………… 145
  7.1.2 具有过载保护的正转控制线路 ……………………………………… 148
 7.2 三相异步电动机的正反转控制线路 …………………………………………… 151
  7.2.1 接触器连锁的正反转控制线路 ……………………………………… 151
  7.2.2 按钮连锁的正反转控制线路 ………………………………………… 154
 7.3 降压启动控制线路 ……………………………………………………………… 156
  7.3.1 定子绕组串接电阻降压启动控制线路 ……………………………… 157
  7.3.2 星形—三角形降压启动控制线路 …………………………………… 160
 7.4 三相异步电动机制动控制线路 ………………………………………………… 163
  7.4.1 反接制动控制线路 …………………………………………………… 163
  7.4.2 能耗制动控制线路 …………………………………………………… 166
 7.5 思考与练习 ……………………………………………………………………… 169

第8章 三相异步电动机控制电路技能考核 ………………………………………… 170
 8.1 安装和调试带直流能耗制动 Y—△启动的控制线路 ………………………… 170
  8.1.1 安装和调试通电延时带直流能耗制动的 Y—△启动的控制线路 …… 170
  8.1.2 安装和调试断电延时带直流能耗制动的 Y—△启动的控制线路 …… 173
 8.2 安装和调试双速交流异步电动机自动变速控制电路 ………………………… 177
  8.2.1 安装和调试双速交流异步电动机自动变速控制电路(1) …………… 177
  8.2.2 安装和调试双速交流异步电动机自动变速控制电路(2) …………… 180
 8.3 思考与练习 ……………………………………………………………………… 183

第9章 可编程控制器 ………………………………………………………………… 184
 9.1 可编程控制器简介 ……………………………………………………………… 184
  9.1.1 PLC的结构及各部分的作用 ………………………………………… 184
  9.1.2 PLC的工作原理 ……………………………………………………… 185
  9.1.3 PLC的程序编制 ……………………………………………………… 186
  9.1.4 可编程控制器 Simatic S7-1200 简介 ………………………………… 187

9.2 可编程控制器基本指令 ··· 189
9.2.1 位指令 ·· 189
9.2.2 定时器指令 ··· 191
9.2.3 计数器指令 ··· 194
9.2.4 其他指令 ·· 196
9.3 SIMATIC S7-1200 编程软件简介 ··· 198
9.3.1 Step7 编程软件的界面介绍 ·· 199
9.3.2 Step7 的编程实例应用 ·· 200
9.4 MCGS 工控组态软件 ··· 203
9.4.1 概　述 ·· 203
9.4.2 实例组态 ·· 205
9.5 变频器的基本操作和使用 ··· 211
9.5.1 变频器操作 ·· 211
9.5.2 变频器控制回路原理 ·· 212
9.5.3 变频器的功能参数 ·· 213
9.6 思考与练习 ··· 215

第10章 PLC 控制应用实训 ··· 216
10.1 实训一 基于触摸屏的照明线路 ··· 216
10.2 实训二 基于触摸屏的数码管显示 ··· 218
10.3 实验三 基于触摸屏的数码循环显示控制 ······································· 220
10.4 实训四 基于触摸屏的十字路口交通灯控制系统 ··························· 221
10.5 实训五 PLC 控制电动机点动和自锁控制 ······································· 222
10.6 实训六 PLC 控制电动机手动正反转控制 ······································· 224
10.7 实训七 PLC 控制电动机串电阻启动 ··· 225
10.8 实训八 PLC 控制电动机星/三角形启动手动控制 ························· 226
10.9 实训九 PLC 控制电动机星/三角形启动自动控制 ························· 227
10.10 实训十 PLC 控制三相异步电动机的能耗制动 ····························· 228
10.11 实训十一 PLC 控制电动机延时正反转 ··· 229
10.12 实训十二 基于变频器外部端子的电动机点动控制 ····················· 230
10.13 实训十三 变频器控制电机正反转 ··· 231
10.14 实训十四 变频器无级调速 ··· 232
10.15 实训十五 基于 PLC 的变频器电机正反转控制 ··························· 233

附　录 ··· 235
附录 A 电工仪表中各符号的含义 ··· 235
附录 B 部分电气设备基本文字符号 ··· 236
附录 C 部分电气图形符号新旧对照 ··· 238
附录 D 低压电器的常用使用类别及其代号 ··· 253

参考文献 ··· 255

第1章　安全用电常识

随着科学技术的发展，无论是工农业生产，还是人民生活，对电能的应用越来越广泛。从事电类工作的人员，必须懂得安全用电常识，才能正确从事电气操作，避免发生触电事故，以保护人身和设备的安全。

通过本章学习，可以了解有关人体触电的知识，懂得引起触电的原因及常用预防措施，会进行触电后的及时抢救，以及了解日常用电和生活中的一些防雷常识。

1.1　有关人体触电的知识

人体是导电的，一旦有电流通过，将会受到不同程度的伤害。由于触电的种类、方式及条件不同，受伤害的后果也不一样。

1.1.1　触电的种类和方式

1. 人体触电种类

人体触电，有电击和电伤两类。

电击　电击是指电流通过人体时所造成的内伤。它可使肌肉抽搐，内部组织损伤，造成发热、发麻，神经麻痹等；严重时将引起昏迷、窒息，甚至心脏停止跳动，血液循环中止等而死亡。通常说的触电，就是指电击。触电死亡中绝大部分系电击造成。

电伤　电伤是在电流的热效应、化学效应、机械效应以及电流本身作用下造成的人体外伤。常见的有灼伤、烙伤和皮肤金属化等现象。

灼伤　灼伤由电流的热效应引起，主要是电弧灼伤，造成皮肤红肿、烧焦或皮下组织损伤。

烙伤　烙伤由电流热效应或力效应引起，是皮肤被电器发热部分烫伤或由于人体与带电体紧密接触而留下肿块、硬块，使皮肤变色等。

皮肤金属化　皮肤金属化是指由电流热效应和化学效应导致熔化的金属微粒渗入皮肤表层，使受伤部位皮肤带金属颜色且留下硬块。

2. 人体触电方式

(1) 单相触电

单相触电是常见的触电方式。人体的一部分接触带电体的同时，另一部分又与大地或零线（中性线）相接，电流从带电体流经人体到大地（或零线）形成回路，这种触电叫单相触电，如图 1-1 所示。在接触电气线路（或设备）时，若不采用防护措施，一旦电气线路或设备绝缘损坏漏电，将引起间接的单相触电。若站在地上误触带电体的金属裸露部分,将造成直接的单相触电。

(2) 两相触电

人体的不同部位同时接触两相电源带电体而引起的触电称为两相触电,如图 1-1 所示。对于这种情况,无论电网中性点是否接地,人体所承受的线电压将比单相触电时高,危险性更大。

(3) 跨步电压触电

雷电流入地时,或载流电力线(特别是高压线)断落到地时,会在导线接地点及周围形成强电场。其电位分布以接地点为圆心向周围扩散,逐步降低而在不同位置形成电位差(电压),当人畜跨进这个区域,两脚之间的电压,称为跨步电压。在这种电压作用下,电流从接触高电位的脚流进,从接触低电位的脚流出,这就是跨步电压触电,如图 1-2 所示。图中坐标原点表示带电体接地点,横坐标表示位置;纵坐标向下为正方向,表示电位分布。U_{K1} 为人两脚间的跨步电压,U_{K2} 为马两脚之间的跨步电压。

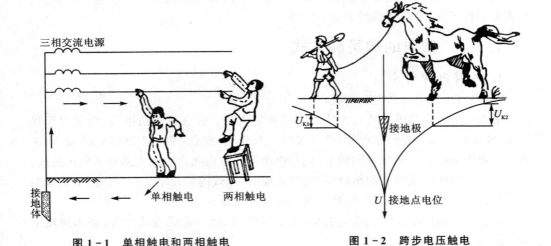

图 1-1　单相触电和两相触电　　　图 1-2　跨步电压触电

(4) 悬浮电路上的触电

220 V 工频电流通过变压器相互隔离的原、副绕组后,从副边输出的电压零线不接地,变压器绕组间不漏电时,即相对于大地处于悬浮状态。若人站在地上接触其中一根带电导线,不会构成电流回路,没有触电感觉。如果人体一部分接触副边绕组的一根导线,另一部分接触该绕组的另一导线,则会造成触电。例如电子管收音机、电子管扩音机,部分彩色电视机,它们的金属底板是悬浮电路的公共接地点,在接触或检修这类机器的电路时,如果一只手接触电路的高电位点,另一只手接触低电位点,即用人体将电路连通造成触电,这就是悬浮电路触电。在检修这类机器时,一般要求单手操作,特别是电位比较高时更应如此。

1.1.2 电流伤害人体的因素

人体对电流的反应非常敏感,触电时电流对人体的伤害程度与以下几个因素有关。

1. 电流的大小

触电时,流过人体的电流大小是造成损伤的直接因素。人们通过大量实验证明,通过人体的电流越大,对人体的损伤越严重。表1-1表明了大小不同的工频电流通过人体时对人的损伤程度。

2. 电压的高低

人体接触的电压越高,流过人体的电流越大,对人体的伤害越严重。但在触电事例的分析统计中,70%以上死亡者是在对地电压为250 V的低压下触电的。如以触电者人体电阻为1 kΩ计算,在220 V电压作用下,通过人体的电流是220 mA,能迅速将人致死。对地250 V以上的高压本来危险性更大,但由于人们接触少,且对它警惕性较高,所以触电死亡事例约在30%以下。

表1-1 工频电流大小对人体伤害程度分析表

电流大小范围/mA	通电时间	人体生理反应
0~0.5	连续通电	无感觉
0.5~5	连续通电	开始有感觉,手指、手腕等处有痛感,没有痉挛,可以摆脱电源
5~30	数分钟以后	痉挛,不能摆脱电源,呼吸困难,血压升高,是可忍受的极限
30~50	数秒到数分	心脏跳动不规则,昏迷,血压升高,强烈痉挛,时间过长引起心室颤动
50~数百	低于心脏搏动周期	强烈冲击,但未发生心室颤动
	超过心脏搏动周期	昏迷,心室颤动,接触部位留有电流通过的痕迹
超过数百	低于心脏搏动周期	在心脏搏动周期特定的相位触电时,发生心室颤动、昏迷、接触部位留有电流通过的痕迹
	超过心脏搏动周期	心脏停止跳动,昏迷,甚至死亡,电灼伤

3. 频率的高低

实践证明,40~60 Hz的交流电对人最危险,随着频率的增高,触电的危险程度将下降。高频电流不仅不会伤害人体,还能用于治疗疾病。表1-2所列表明了这种关系。

4. 时间的长短

技术上常用触电电流与触电持续时间的乘积(称电击能量)来衡量电流对人体的伤害程度。触电电流越大,触电时间越长,则电击能量越大,对人体的伤害越严重。当电击能量超过150 mA/s时,触电者就有生命危险。

5. 不同路径

电流通过头部可使人昏迷,通过脊髓可能导致肢体瘫痪,通过心脏可造成心跳停止、血液循环中断,通过呼吸系统会造成窒息。可见,电流通过心脏时,最容易导致死亡。表1-3所列表明了电流在人体中流经不同路径时,通过心脏的电流占通过人体总电流的百分比。

表1-2 不同频率的电流对人体的伤害

电流频率/Hz	对人体的伤害
50~100	有45%的死亡率
125	有25%的死亡率
200以上	基本上消除了触电危险

表1-3 电流的不同路径对人体的伤害

电流通过人体的路径	通过心脏电流占通过人体总电流百分数/%
从一只手到另一只手	3.3
从左手到右脚	3.7
从右手到左脚	6.7
从一只脚到另一只脚	0.4

从表中可以看出,电流从右手到左脚危险性最大。电流通过人体的路径与危险程度如图1-3所示。

6. 人体状况

人的性别、健康状况、精神面貌等与触电伤害程度有着密切关系。女性比男性触电伤害程度约严重30%;小孩与成人相比,触电伤害程度也要严重得多。体弱多病者比健康人容易受电流伤害。另外,人的精神状况,对接触电器有无思想准备,对电流反应的灵敏程度,醉酒、过度疲劳等都可能增加触电事故的发生并加剧受电流伤害的程度。

7. 人体电阻的大小

人体电阻越大,受电流伤害越轻。通常人体电阻可按1~2 kΩ考虑。这个数值主要由皮肤表面的电阻值决定。如果皮肤表面角质层损伤、皮肤潮湿、流汗、带着导电粉尘等,将会大幅度降低人体电阻,增加触电伤害程度。

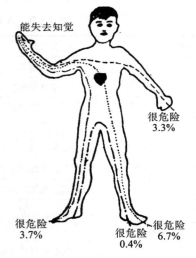

图1-3 电流通过人体的路径

1.2 安全电压

电流通过人体时,人体所承受的电压越低,触电伤害越轻。当电压低到一定值以后,对人体就不会造成触电。这种不带任何防护设备,当人体接触带电体时对各部分组织(如皮肤、神经、心脏、呼吸器官等)均不会造成伤害的电压值称安全电压。它通常等于通过人体的允许电流与人体电阻的乘积。在不同场合,安全电压的规定是不相同的。

1. 人体电阻

人体电阻包括体内电阻、皮肤电阻和皮肤电容。因皮肤电容很小,可忽略不计,体内电阻基本上不受外界影响,差不多是定值,约 0.5 kΩ。皮肤电阻占人体电阻的绝大部分。但皮肤电阻随着外界条件的不同可在很大范围内变化。皮肤表面 0.05~0.2 mm 的角质层电阻高达 10~100 kΩ,但这层角质层容易遭到破坏,在计算安全电压时不宜考虑在内。除去角质层,人体电阻一般不低于 1 kΩ,通常应考虑在 1~2 kΩ 范围内。

影响人体电阻的因素很多,除皮肤厚薄外,皮肤潮湿、多汗、有损伤、带有导电粉尘、与带电体接触面大、接触压力大等都将减小人体电阻;加大人体电阻还与接触电压有关,接触电压越高,人体电阻将按非线性规律下降,如图 1-4 所示。图中,曲线 a 表示人体电阻的上限,曲线 c 表示人体电阻的下限,曲线 b 表示人体电阻平均值,a、b 之间相应于干燥皮肤,b、c 之间相应于潮湿皮肤。

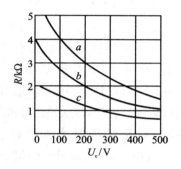

图 1-4 人体电阻与接触电压的关系

2. 人体允许电流

人体允许电流是指发生触电后触电者能自行摆脱电源,解除触电危害的最大电流。在通常情况下,人体的允许电流,男性为 9 mA,女性为 6 mA。在设备和线路装有触电保护设施的条件下,人体允许电流可达 30 mA。但在容器中,在高空或水面上等可能因电击造成二次事故(再次触电,摔死,溺死)的场所,人体允许电流应按不引起强烈痉挛的 5 mA 考虑。

必须指出,这里所说的人体允许电流不是人体长时间能承受的电流。

3. 安全电压值

我国规定 12 V,24 V 和 36 V 三个电压等级为安全电压级别,不同场所选用安全电压等级不同。

在湿度大,狭窄,行动不便,周围有大面积接地导体的场所(如金属容器内,矿井内、隧道内等)使用的手提照明,应采用 12 V 安全电压。

凡手提照明器具,在危险环境、特别危险环境的局部照明灯,高度不足 2.5 m 的一般照明灯,携带式电动工具等,若无特殊的安全防护装置或安全措施,均应采用 24 V 或 36 V 安全电压。

安全电压的规定是从总体上考虑的,对于某些特殊情况或某些人也不一定绝对安全。是否安全与人的现时状况(主要是人体电阻),触电时间长短,工作环境,人与带电体的接触面积和接触压力等都有关系。所以,即使在规定的安全电压下工作,也不可粗心大意。

1.3 触电原因及预防措施

触电包括直接触电和间接触电两种。直接触电是指人体直接接触或过分接近带电体而触电,间接触电是指人体触及正常时不带电而发生故障时才带电的金属导体。本节中先分析触电的常见原因,从而提出预防直接触电和间接触电的几种措施。

1.3.1 触电的常见原因

触电的场合不同,引起触电的原因也不同。下面根据在工农业生产和日常生活中所发生的不同触电事例,将常见触电原因归纳如下。

1. 线路架设不合规格

室内外线路对地距离、导线之间的距离小于允许值;通信线、广播线与电力线间隔距离过近或同杆架设,线路绝缘破损;有的地区为节省电线而采用一线一地制送电等。

2. 电气操作制度不严格、不健全

带电操作,不采取可靠的保安措施,不熟悉电路和电器,盲目修理;救护已触电的人,自身不采用安全保护措施;停电检修,不挂警告牌;检修电路和电器,使用不合格的保安工具;人体与带电体过分接近,又无绝缘措施或屏护措施;在架空线上操作,不在相线上加临时接地线,无可靠的防高空跌落措施等。

3. 用电设备不合要求

电器设备内部绝缘损坏,金属外壳又未加保护接地措施或保护接地线太短、接地电阻太大;开关、闸刀、灯具、携带式电器绝缘外壳破损,失去防护作用;开关、熔断器误装在中性线上,一旦断开,就使整个线路带电。

4. 用电不谨慎

违反布线规程,在室内乱拉电线,随意加大熔断器熔丝规格;在电线上或电线附近晾晒衣物;在电杆上拴牲口;在电线(特别是高压线)附近打鸟、放风筝;未断电源,移动家用电器,打扫卫生时,用水冲洗或湿布擦拭带电电器或线路等。

1.3.2 预防触电的措施

1. 预防直接触电的措施

(1) 绝缘措施

用绝缘材料将带电体封闭起来的措施称为绝缘措施。良好的绝缘是保证电气设备和线路正常运行的必要条件,是防止触电事故的重要措施。

绝缘材料的选用必须与该电气设备的工作电压、工作环境和运行条件相适应,否则容易造成击穿。但应注意,有些绝缘材料如果受潮,会降低甚至丧失绝缘性能。

绝缘材料的绝缘性能往往用绝缘电阻表示。不同的设备或电路对绝缘电阻的要求不同。新装或大修后的低压设备和线路,绝缘电阻不应低于 0.5 MΩ,运行中的线路和设备,绝缘电阻每伏工作电压 1 kΩ,潮湿工作环境下,则要求每伏工作电压 0.5 kΩ;携带式电气设备绝缘电阻不应低于 2 MΩ;配电盘二次线路绝缘电阻不应低于每伏 1 kΩ,在潮湿环境下不低于每伏 0.5 kΩ;高压线路和设备绝缘电阻不低于 1 000 MΩ/V。

(2) 屏护措施

采用屏护装置将带电体与外界隔绝开来,以杜绝不安全因素的措施称为屏护措施。常用的屏护装置有遮栏、护罩、护盖、栅栏等。如常用电器的绝缘外壳、金属网罩、金属外壳、变压器的遮栏、栅栏等都属于屏护装置。凡是金属材料制作的屏护装置,应妥善接地或接零。

屏护装置不直接与带电体接触,对所用材料的电气性能没有严格要求,但必须有足够的机械强度和良好的耐热、耐火性能。

(3) 间距措施

为防止人体触及或过分接近带电体;为避免车辆或其他设备碰撞或过分接近带电体;为防止火灾、过电压放电及短路事故;为操作方便,在带电体与地面之间、带电体与带电体之间、带电体与其他设备之间,均应保持一定的安全间距,这称为间距措施。安全间距的大小取决于电压的高低、设备的类型、安装的方式等因素,常见电气设备、线路、工程等电气设施的安全间距如表 1-4 到表 1-7 所列。

表 1-4　导线与地面或水面的最小距离

m

线路经过地区	线路电压/kV		
	1.0 以下	10.0	35.0
居民区	6.0	6.5	7.0
非居民区	5.0	5.5	6.0
交通困难地区	4.0	4.5	5.0
不能通航或浮运的河、湖冬季水面(或冰面)	5.0	5.0	5.5
不能通航或浮运的河、湖最高水面(50 年一遇的洪水水面)	3.0	3.0	3.0

表 1-5　导线与建筑物的最小距离

线路电压/kV	垂直距离/m	水平距离/m
1.0 以下	2.5	1.0
10.0	3.0	1.5
35.0	4.0	3.0

表 1-6　导线与树木间的最小距离

线路电压/kV	垂直距离/m	水平距离/m
1.0 以下	1.0	1.0
10.0	1.5	2.0
35.0	3.0	—

表 1-7　架空线路导线间的最小距离

线路电压/kV	挡距/m							
	40 及以下	50	60	70	80	90	100	110	120
10	0.60	0.65	0.70	0.75	0.80	0.90	1.00	1.05	1.15
低　压	0.30	0.40	0.45	0.50	—	—	—	—	—

2. 预防间接触电的措施

(1) 加强绝缘措施

对电气线路或设备采取双重绝缘,加强绝缘或对组合电气设备采用共同绝缘。为加强绝缘措施,采用加强绝缘措施的线路或设备绝缘牢固,难于损坏,即使工作绝缘损坏后,还有一层加强绝缘,不易发生带电的金属导体裸露而造成间接触电。

(2) 电气隔离措施

采用隔离变压器或具有同等隔离作用的发电机,使电气线路和设备的带电部分处于悬浮状态,这叫电气隔离措施。即使该线路或设备工作绝缘损坏,人站在地面上与之接触也不易触电。

应注意的是:被隔离回路的电压不得超过 500 V,其带电部分不得与其他电气回路或大地相连,方能保证其隔离要求。

(3) 自动断电措施

在带电线路或设备上发生触电事故时,在规定时间内能自动切断电源而起保护作用的措施称为自动断电措施。如漏电保护、过流保护、过压或欠压保护、短路保护、接零保护等均属自动断电措施。

1.4　触电急救

在电气操作和日常用电中,如果采取了有效的预防措施,会大幅度减少触电事故,但要绝对避免是不可能的。所以,在电气操作和日常用电中必须做好触电急救的思想和技术准备。

1.4.1　触电的现场抢救措施

1. 使触电者尽快脱离电源

发现有人触电,最关键、最重要的措施是使触电者尽快脱离电源。由于触电现场的情况不同,使触电者脱离电源的方法也不一样。在触电现场经常采用以下几种急救方法。

① 迅速关断电源,把人从触电处移开。如果触电现场远离开关或不具备关断电源的条件,只要触电者穿的是比较宽松的干燥衣服,救护者可站在干燥木板上(见

图1-5),用一只手抓住衣服将其拉离电源,但切不可触及带电人的皮肤。如这种条件尚不具备,还可用干燥木棒、竹竿等将电线从触电者身上挑开,如图1-6所示。

图1-5 将触电者拉离电源

图1-6 将触电者身上电线拨开

② 如果触电发生在相线与大地之间,一时又不能把触电者拉离电源,可用干燥绳索将触电者身体拉离地面,或在地面与人体之间塞入一块干燥木板,这样可以暂时切断带电导体通过人体流入大地的电流。然后再设法关断电源,使触电者脱离带电体。在用绳索将触电者拉离地面时,注意不要发生跌伤事故。

③ 救护者手边如有现成的刀、斧、锄等带绝缘柄的工具或硬棒时,可以从电源的来电方向将电线砍断或撬断,如图1-7所示。但要注意切断电线时人体切不可接触电线裸露部分和触电者。

④ 如果救护者手边有绝缘导线,可先将一端良好接地,另一端接在触电者所接触的带电体上,造成该相电源对地短路,迫使电路跳闸或熔断保险丝,达到切断电源的目的。在搭接带电体时,要注意救护者自身的安全。

⑤ 在电杆上触电,地面上一时无法施救时,仍可先将绝缘软导线一端良好接地,另一端抛掷到触电者接触的架空线上,使该相对地短路,跳闸断电。在操作时要注意两点:一是不能将接地软

图1-7 用绝缘柄工具切断电线

线抛在触电者身上,这会使通过人体的电流更大;二是注意不要让触电者从高空跌落。

注意:以上救护触电者脱离电源的方法,不适用于高压触电情况。

2. 脱离电源后的判断

触电者脱离电源后,应根据其受电流伤害的不同程度,采用不同的施救方法。

(1) 判断呼吸是否停止

将触电者移至干燥、宽敞、通风的地方。将衣、裤放松,使其仰卧,观察胸部或腹部有无因呼吸而产生的起伏动作。若不明显,可用手或小纸条靠近触电者鼻孔,观察有无气流流动,用手放在触电者胸部,感觉有无呼吸动作;若没有,说明呼吸已经停止。

(2) 判断脉搏是否搏动

用手检查颈部的颈动脉或腹股沟处的股动脉,看有无搏动。如有,说明心脏还在工作。因颈动脉或股动脉都是人体大动脉,位置表浅,搏动幅度较大,容易感知。所以,经常用来作为判断心脏是否跳动的依据。另外,也可用耳朵贴在触电者心区附近,倾听有无心脏跳动的心音;如有,则心脏还在工作。

(3) 判断瞳孔是否放大

瞳孔是受大脑控制的一个自动调节大小的光圈。如果大脑功能正常,瞳孔可随外界光线的强弱自动调节大小。处于死亡边缘或已经死亡的人,由于大脑细胞严重缺氧,大脑中枢失去对瞳孔的调节功能,瞳孔就会自行放大,对外界光线强弱不再作出反应,如图1-8所示。

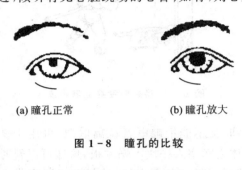

(a) 瞳孔正常　　　　(b) 瞳孔放大

图1-8　瞳孔的比较

根据上述简单判断的结果,对触电者受伤害的不同程度、不同症状表现可用下面的方法进行不同的救治。

3. 对不同情况的救治

① 触电者神志清醒,只是感觉头昏、乏力、心悸、出冷汗、恶心、呕吐,应让其静卧休息,以减轻心脏负担。

② 触电者神智断续清醒,出现一度昏迷,一方面请医生救治,另一方面让其静卧休息,随时观察其伤情变化,做好万一恶化的施救准备。

③ 触电者已失去知觉,但呼吸、心跳尚存,应在迅速请医生的同时,将其安放在通风、凉爽的地方平卧,给他闻一些氨水,摩擦全身,使之发热。如果出现痉挛,呼吸渐渐衰弱,应立即施行人工呼吸,并准备担架,送医院救治。在去医院途中,如果出现"假死",应边送边抢救。

④ 触电者呼吸、脉搏均已停止,出现假死现象,应针对不同情况的假死现象对症处理。如果呼吸停止,用口对口人工呼吸法,迫使触电者维持体内外的气体交换。对心脏停止跳动者,可用胸外心脏压挤法,维持人体内的血液循环。如果呼吸、脉搏均已停止,上述两种方法应同时使用,并尽快向医院告急。下面介绍口对口人工呼吸法和胸外心脏压挤法。

1.4.2　口对口人工呼吸法

对呼吸渐弱或已经停止的触电者,人工呼吸法是行之有效的。在几种人工呼吸法中,效果最好的是口对口人工呼吸法,其操作步骤如下。

① 将触电者仰卧,松开衣、裤,以免影响呼吸时胸廓及腹部自由扩张。再将颈部伸直,头部尽量后仰,掰开口腔,清除口中脏物,取下假牙,如果舌头后缩,应拉出舌头,使进出人体的气流畅通无阻,如图1-9(a)、(b)所示。如果触电者牙关紧闭,可

用木片、金属片从嘴角处伸入牙缝,慢慢撬开。

② 救护者位于触电者头部一则,将靠近头部的一只手握住触电者的鼻子(防止吹气时气流从鼻孔漏出),并将这只手的外缘压住额部,另一只手托其颈部,将颈上抬,这样可使头部自然后仰,解除舌头后缩造成的呼吸阻塞。

③ 救护者深呼吸后,用嘴紧贴触电者的嘴(中间也可垫一层纱布或薄布)大口吹气,如图1-9(c)所示,同时观察触电者胸部的隆起程度,一般应以胸部略有起伏为宜。胸腹起伏过大,说明吹气太多,容易吹破肺泡。胸腹无起伏或起伏太小,则吹气不足,应适当加大吹气量。

④ 吹气至待救护者可换气时,应迅速离开触电者的嘴,同时放开捏紧的鼻孔,让其自动向外呼气,如图1-9(d)所示。这时应注意观察触电者胸部的复原情况,倾听口鼻处有无呼气声,从而检查呼吸道是否阻塞。

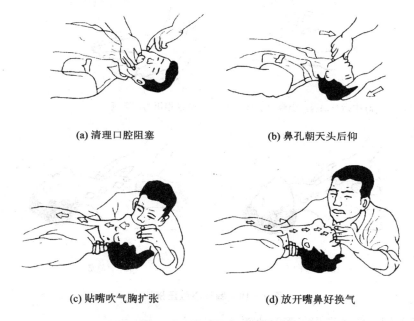

(a) 清理口腔阻塞　　　　　　　　(b) 鼻孔朝天头后仰

(c) 贴嘴吹气胸扩张　　　　　　　(d) 放开嘴鼻好换气

图1-9　口对口人工呼吸法

按照上述步骤反复进行,对成年人每分钟吹气14~16次,大约每5 s一个循环;吹气时间稍短,约2 s;呼气时间要长,约3 s左右。对儿童吹气,每分钟18~24次,这时不必捏紧鼻孔,让一部分空气漏掉。对儿童吹气,一定要掌握好吹气量的大小,不可让其胸腹过分膨胀,防止吹破肺泡。

在做口对口人工呼吸时,需要注意以下几点:

第一,掌握好吹气压力,一般是刚开始时压力偏大,频率也稍快一些,待10~20次后逐渐减少吹气压力,维持胸腹部的轻度舒张即可。

第二,若触电者牙关紧闭,一时无法撬开,可用口对鼻吹气,方法与口对口吹气相似,只是此时应使触电者嘴唇紧闭,防止漏气。口对鼻吹气时,救护者的嘴唇应完全盖紧触电者鼻孔,吹气压力也应稍大,吹气时间稍长,这样有利于外部气体充分进入肺内,以便加速人体内外气体交换。

1.4.3 胸外心脏压挤法

在触电者心脏停止跳动时,可以有节奏地在胸廓外加力,对心脏进行挤压。利用人工方法代替心脏的收缩与扩张,以达到维持血液循环的目的,具体操作过程如图1-10所示。

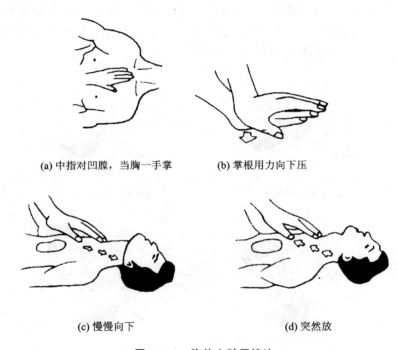

(a) 中指对凹膛,当胸一手掌　　(b) 掌根用力向下压

(c) 慢慢向下　　(d) 突然放

图 1-10　胸外心脏压挤法

下面照图介绍其操作步骤与要领:

① 将触电者仰卧在硬板上或平整的硬地面上,解松衣裤,救护者跪跨在触电者腰部两侧。

② 救护者将一只手的掌根按于触电者胸骨以下横向二分之一处,中指指尖对准颈根凹膛下边缘,另一只手压在那只手的背上呈两手交叠状,肘关节伸直,靠体重和臂与肩部的用力,向触电者脊柱方向慢慢压迫胸骨下段,使胸廓下陷 3~4 cm,由此使心脏受压,心室的血液被压出,流至触电者全身各部。

③ 双掌突然放松,依靠胸廓自身的弹性,使胸腔复位,让心脏舒张,血液流回心室。放松时,交叠的两掌不要离开胸部,只是不加力而已。

重复②、③步骤,每分钟 60 次左右。

在做胸外心脏压挤时,应注意以下几点:

第一,压挤位置和手掌姿势必须正确,下压的区域在胸骨以下横向二分之一处,即两个奶头连线中间稍偏下方,接触胸部只限于手掌根部,手指应向上,与胸、肋骨之间保持一定距离,不可全掌着力。

第二,对脊柱方向用力下压,要有节奏,有一定冲击性,但不能用大的爆发力,否则将造成胸部骨骼损伤。

第三,挤压时间和放松时间大体一样。

第四,对心跳和呼吸都已停止的触电者,如果救护者有两人,可以同时进行口对口人工呼吸和胸外心脏压挤,效果更好;但两人必须配合默契。如果救护者只有一人,也可用两种方法交替进行。其做法如下:先用口对口向触电者吹气两次,立即在胸外压挤心脏15次,再吹气两次,再压挤15次,如此反复进行,直到将人救活或医生确诊已无法抢救为止。

第五,对小孩,只用一只手的根部加压,并酌情掌握压力的大小,以每分钟100次左右为宜。

无论是施行口对口人工呼吸法或胸外心脏压挤法,都要不断观察触电者的面部动作,如果发现其眼皮、嘴唇会动,喉部有吞咽动作时,说明他自己有一定的呼吸能力,应暂时停止几秒钟,观察其自动呼吸的情况,如果呼吸不能正常进行或者很微弱,应继续进行人工呼吸和胸外心脏压挤,直到能正常呼吸为止。在触电者呼吸未恢复到正常以前,无论什么情况,包括送医院途中,雷雨天气(雷雨时可移至室内)或时间已进行得很长而效果不甚明显等,都不终止这种抢救。事实上,用人工呼吸法抢救的触电者中,有长达 7～10 h 才救活的。

1.5 思考与练习

1. 人体触电有哪几种类型?有哪几种方式?
2. 在电气操作和日常用电中,哪些因素会导致触电?
3. 电流伤害人体与哪些因素有关?各是什么关系?
4. 什么是安全电压?为什么安全电压常用 12 V、24 V 和 36 V 三个等级?
5. 在电气操作和日常用电中,常采用哪些预防触电的措施?
6. 发现有人触电,你可用哪些方法使触电者尽快脱离电源?
7. 怎样判断触电者呼吸和心跳是否停止?
8. 将触电者脱离电源后,怎样根据不同情况对其进行救治?
9. 口对口人工呼吸法在什么情况下使用?试述其动作要领。

第 2 章 电工基本操作工艺

电工基本操作工艺是电工的基本功。它包括常用电工工具的使用、导线的连接、常用焊接工艺、电气设备紧固件的埋设和电工识图等内容。它是培养电工动手能力和解决实际问题的实践基础。对电气操作人员,应当比较熟练地掌握本章所讲述的内容。

2.1 常用电工工具

电工工具是电气操作的基本手段之一。工具不合规格,质量不好或使用不当,都将影响施工质量,降低工作效率,甚至造成事故。对电气操作人员,必须掌握电工常用工具的结构、性能和正确的使用方法。

2.1.1 通用电工工具

通用电工工具是指电工随时都可能使用的常备工具。

1. 测电笔

测电笔是检验线路和设备带电部分是否带电的工具,通常制成钢笔式和螺丝刀式两种,其结构如图 2-1(a)、(b)所示。

使用时,注意手指必须接触金属笔挂(钢笔式)或测电笔顶部的金属螺钉(螺丝刀式),使电流由被测带电体经测电笔和人体与大地构成回路,如图 2-1(c)所示。图 2-1(d)所示是错误的握法。只要被测带电体与大地之间电压超过 60 V,氖管就会起辉发光。观察时应将氖管窗口背光朝向操作者。

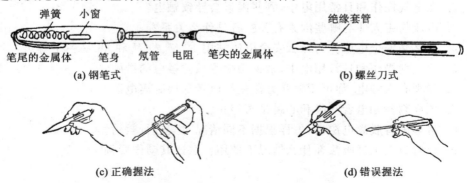

图 2-1 测电笔种类和握法

测电笔在每次使用前,应先在确认有电的带电体上试验,检查其是否能正常验电,以免因氖管损坏,在检验中造成误判,危及人身或设备安全。凡是性能不可靠的,一律不准使用。要注意防止测电笔受潮和强烈震动,平时不得随便拆卸。螺丝刀式测电笔裸露部分较长,可在金属杆上加绝缘套管,以便使用安全。

2. 螺丝刀

螺丝刀又名改锥、旋凿或起子。按照其功能和头部形状不同可分为一字形和十字形,如图 2-2 所示。若按握柄材料的不同,又可分木柄和塑料柄两类。

图 2-2 螺丝刀

一字形螺丝刀以柄部以外的刀体长度表示规格,单位为 mm。电工常用的有 100 mm、150 mm、300 mm 等几种。

十字形螺丝刀按其头部旋动螺钉规格的不同,分为四个型号:Ⅰ号、Ⅱ号、Ⅲ号、Ⅳ号,分别用于旋动直径为 2～2.5 mm、6～8 mm、10～12 mm 等的螺钉。其柄部以外的刀体长度规格与一字形螺丝刀相同。

螺丝刀使用时,应按螺钉的规格选用适合的刀口。以小代大或以大代小均会损坏螺钉或电气元件。螺丝刀的正确使用方法如图 2-3 所示。

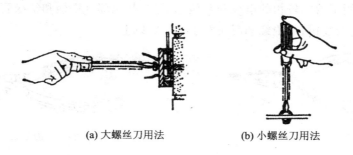

图 2-3 螺丝刀的正确使用

3. 钳 子

钢丝钳是电工用于剪切或夹持导线、金属丝、工件的常用钳类工具,其结构和用法如图 2-4 所示。其中钳口用于弯绞和钳夹线头或其他金属、非金属物体;齿口用于旋动螺丝螺母;刀口用于切断电线,起拔铁钉,削剥导线绝缘层等。铡口用于铡断硬度较大的金属丝,如钢丝、铁丝等。

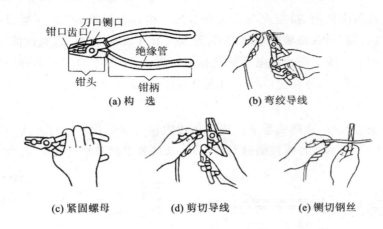

图 2-4 钢丝钳的构造和使用

钢丝钳规格较多,电工常用的有 175 mm、200 mm 两种。电工用钢丝钳柄部加有耐压 500 V 以上的塑料绝缘套。使用前应检查绝缘套是否完好,绝缘套破损的钢丝钳不能使用。在切断导线时,不得将相线和中性线或不同相位的相线同时在一个钳口处切断,以免发生短路。

另外,电工还常用头部尖细且适用于狭小空间操作的尖嘴钳,如图 2-5 所示。它除头部形状与钢丝钳不完全相同外,其功能相似。主要用于切断较小的导线,金属丝;夹持小螺丝和垫圈,并可将导线端头弯曲成形。

还有一种电工常用的钳子,其头部扁斜,称为断线钳(见图 2-6),又名斜口钳、扁嘴钳,专门用于剪断较粗的电线和其他金属丝,其柄部有铁柄和绝缘管套。电工常用的是绝缘柄断线钳,其绝缘柄耐压在 1 000 V 以上。

图 2-5 尖嘴钳　　　　　　　　图 2-6 断线钳

4. 活络扳手

活络扳手的钳口可在规格所定范围内任意调整大小,用于旋动螺母,其结构如图 2-7(a)所示。

活络扳手规格较多,电工常用的有 150 mm×19 mm、200 mm×24 mm、250 mm×30 mm 和 300 mm×36 mm 等几种。扳动较大螺母时,所用力矩较大,手应握在手柄尾部,如图 2-7(b)所示。扳小型螺母时,为防止钳口处打滑,手可握在接近头部的位置,且用拇指调节和稳定蜗杆,如图 2-7(c)所示。

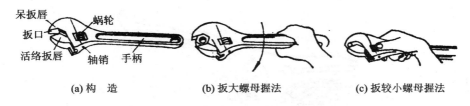

(a) 构　造　　　　(b) 扳大螺母握法　　　　(c) 扳较小螺母握法

图 2-7　活络扳手

使用活络扳手时,不能反方向用力,否则容易扳裂活络扳唇,也不准用钢管套在手柄上作加力杆使用,更不准用作撬棍撬重物或当手锤敲打。旋动螺母时,必须把工件的两侧平面夹牢,以免损坏螺杆或螺母的棱角。

5. 电工刀

电工刀在电气操作中主要用于剖削导线绝缘层,削制木榫和切割木台缺口等。由于它的刀柄没有绝缘,不能直接在带电体上进行操作。割削时刀口应朝外,以免伤手。剖削导线绝缘层时,刀面与导线成 45°角倾斜,以免削伤线芯。电工刀外形如图 2-8 所示。

6. 镊子

镊子是电子电器维修中必不可少的小工具,主要用于挟持导线线头,元器件等小型工件或物品。通常由不锈钢制成,有较强的弹性。头部较宽、较硬,且弹性较强者可以夹持较大物件;反之可以夹持较小物件。镊子的形状如图 2-9 所示。

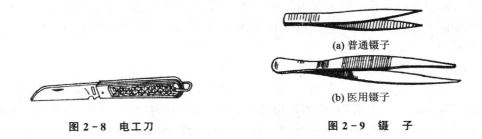

图 2-8　电工刀　　　　　　　　图 2-9　镊　子

7. 剥线钳

剥线钳用于剥削直径在 6 mm 以下的塑料、橡皮电线线头的绝缘层。主要部分是钳头和手柄,它的钳口工作部分有从 0.5~3 mm 的多个不同孔径的切口,以便剥削不同规格的芯线绝缘层。剥线时,为了不损伤线芯,线头应放在大于线芯的切口上剥削。剥线钳外形如图 2-10 所示。

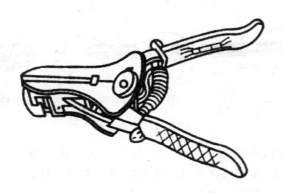

图 2-10 剥线钳

2.1.2 线路装修工具

线路装修工具指电力内外线装修工程必备的工具,它包括用于打孔、紧线、钳夹、切割、剥线、弯管、登高的工具和设备。

1. 电工用凿

电工用凿是在建筑物上手工打孔使用的工具,常用的有麻线凿、小扁凿、大扁凿、长凿等,如图 2-11 所示。

(1) 麻线凿

麻线凿又叫圆榫凿或鼻冲,主要用于在混凝土结构或砖石结构的建筑物上凿打木榫孔或膨胀螺栓孔。电工常用的规格有 16 号(凿 8 mm 孔)、18 号(凿 6 mm 孔),外形如图 2-11(a)所示。在凿打墙孔时,应边敲打、边转动圆榫凿,使灰沙碎石能及时从孔中排出。

(2) 小扁凿

如图 2-11(b)所示,用于在砖结构建筑物上凿打方形木榫孔。电工常用的小扁凿凿口宽 12 mm。打孔时,应边打边移动,及时掏出孔内灰沙、碎砖,还应随时观察墙孔是否与墙面垂直,四周是否平整,孔的大小、深度、锥度是否合适。

(3) 大扁凿

如图 2-11(d)所示,主要用于在砖结构建筑物上凿打较大的孔,如角钢支架、吊挂螺栓,拉线耳等较大的预埋件孔。电工常用大扁凿凿口宽度为 16 mm,其用法与小扁凿相同。

(4) 长 凿

如图 2-11(c)、(e)所示,主要用于凿打穿墙孔,为安装穿墙套管作准备。长凿分圆钢长凿和钢管长凿两类。圆钢长凿由中碳钢锻制,常用于凿打混凝土建筑物上的孔;钢管长凿由无缝钢管制成,常用于在砖结构建筑物上打孔。电工常用长凿直径为 19 mm、25 mm 和 30 mm,长度为 300 mm、400 mm 和 500 mm 等几种规格。打孔时,应边打边转动,边掏出孔内废渣。

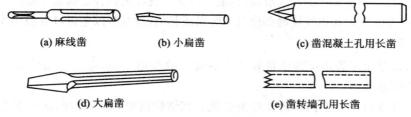

图 2-11 电工用凿

2. 冲击电钻

冲击电钻常用于在配电板(盘)、建筑物或其他金属材料、非金属材料上钻孔,如图 2-12 所示。它的用法是,把调节开关置于"钻"的位置,钻头只旋转而没有前后的冲击动作,可作为普通钻使用。若调到"锤"的位置,通电后边旋转,边前后冲击,便于钻削混凝土或砖结构建筑物上的孔。有的冲击电钻调节开关上没有标明"钻"或"锤"的位置,可在使用前让其空转观察,无冲击动作是在"钻"的位置,有冲动作则是在"锤"的位置。也有的冲击电钻没有装调节开关,通电后只有边旋转边冲击一种动作。在钻孔时应经常把钻头从钻孔中拔出,以便排除钻屑。钻较坚硬的工件或墙体时,不能加压力过大,否则将使钻头退火或电钻过载而损坏。电工用冲击钻,可钻 $\phi 6 \sim 16$ mm 圆孔。作普通钻时,用麻花钻头;作冲击钻时,用专用冲击钻头。

3. 管子钳

管子钳是用于电气管道装修或在给排水工程中用于旋转接头及其他圆形金属工件的专用工具,其主要结构如图 2-13 所示。它的常用规格有 250 mm、300 mm 和 350 mm 等几种。

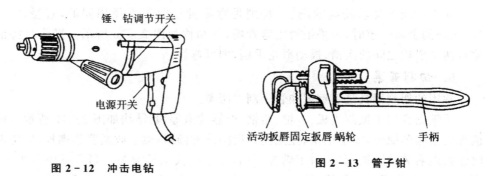

图 2-12 冲击电钻　　图 2-13 管子钳

4. 紧线器

紧线器又名收线器或收线钳。在室内外架空线路的安装中用以收紧将要固定在绝缘子上的导线,以便调整弧垂。常用紧线器外形如图 2-14 所示。使用时先将 $\phi 4 \sim 16$ mm 的多股绞合钢丝绳的一端绕于滑轮上拴牢,另一端固定在角钢支架、横担或被收紧导线端部附近紧固的部位，并用夹线钳夹紧待收导线，适当用力摇转手柄，使滑轮转动，将钢丝绳逐步卷入滑轮内，最后将架空线收紧到合适弧垂。如果用于收紧铝导线，应在夹线钳和铝线接触部位包上麻布或其他保护层，以免钳口夹伤导线。

5. 弯管器

弯管器是用于管道配线中将管道弯曲成形的专用工具，电工常用的有管弯管器和滑轮弯管器两类。

管弯管器由钢管手柄和铸铁弯头组成。其结构简单，操作方便，适于手工弯曲直径在 50 mm 及以下的线管（在给排水工程中亦经常使用）。弯管时先将管子要弯曲部分的前缘送入弯管器工作部分。如果是焊管，应将焊缝置于弯曲方向的侧面；否则弯曲时容易造成从焊缝处裂口。然后操作者用脚踏住管子，手适当用力扳动管弯管器手柄，使管子稍有弯曲，再逐点依次移动弯头，每移动一个位置，扳弯一个弧度（见图 2-15），最后将管子弯成所需要的形状。

图 2-14 紧线器

图 2-15 管的弯管器

在钢管加工要求较高的场合，特别是弯曲批量曲率半径相同的，直径在 50～100 mm 的金属管道时，可采用滑轮弯管器，其结构如图 2-16 所示。操作时将钢管穿过两个滑轮之间的沟槽，扳动滑轮手柄，即可弯管。

6. 切割器具

常用的切割器具是手钢锯和管子割刀两类。

手钢锯常用于锯割槽板、木榫、角钢、电器管道等，其结构如图 2-17 所示。操作前先旋松张紧螺栓，安上锯条，注意使锯齿向前方倾斜；然后收紧张紧螺栓，以免锯割时锯条左右晃动。锯割时，右手满握锯柄，左手轻扶锯弓前头。起锯时压力要小，行程要短，速度放慢。工件快锯断时，用左手扶住被锯下的部分，以免落下时损伤工件或危及操作人员。

管子割刀又称为割管器，专门用于切割管子，使用时先旋开刀片与滚轮之间的距离，将待割的管子卡入其间，再旋动手柄上的螺杆，使刀片切入钢管，然后作圆周运动进行切割，而且边切割边调整螺杆，使刀片在管子上的切口不断加深，直至把管子切断。

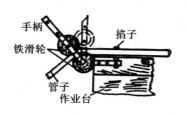

图 2-16 滑轮弯管器

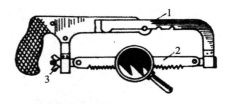

1—锯弓； 2—锯条； 3—张紧螺钉

图 2-17 手钢锯

7. 登高工具

登高工具是高空作业必备的工具。正确使用、维护登高工具，是高空作业保护人身安全的重要措施之一。

(1) 梯 子

电工常用的梯子有直梯和人字梯两类，如图 2-18 所示。使用梯子时应注意以下几点：

第一，使用前应检查有无虫蛀和裂痕（指木梯、竹梯），两脚是否绑有防滑材料，如图 2-18(a) 所示；人字梯中间是否连着防自动滑开的安全绳，如图 2-18(b) 所示。

第二，人在梯上作业时，两脚应按图 2-19 所示的姿势站立，即前一只脚从后一只脚所站梯步高两步的梯空中穿进去，越过该梯步后即从下方穿出，踏在比后一只脚高一步的梯步上，使该腿以膝弯处为着力点。

第三，直梯靠墙的安全角度应为对面夹角 60°～75°，梯子安放位置与带电体应保持足够的安全距离。

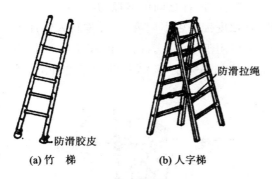

(a) 竹 梯　　　(b) 人字梯

图 2-18 直梯和人字梯

图 2-19 梯上作业姿势

(2) 登高板

登高板又名踏板，是攀登电杆的专用工具，采用质地坚韧的木材制作，规格如图 2-20(a) 所示。绳用直径为 16 mm 的三股白棕绳绞成，绳的长度与操作者身高相适应，通常保持人身高再加一手长，如图 2-20(b) 所示。踏板和白棕绳负荷量不得低于 300 kg，且应每半年检验一次。

登高板每次使用前,应在电杆低处做人体冲击试验,将人全身踏在登高板上,用爆发力猛蹬,检验板和绳能否承受人的暴发冲击力。绳扣在电杆上的套结,如图2-20(c)所示。

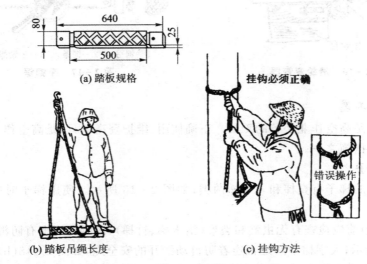

图2-20 登高板

(3) 脚 扣

脚扣又名铁脚,是另一种攀登电线杆的专用工具。脚扣分为木杆脚扣和水泥杆脚扣。木杆脚扣的扣环上装有铁齿,以便登杆时抓牢木杆,如图2-21(a)所示,水泥杆脚扣不装铁齿,而是包有橡胶皮,用以增强它与水泥杆之间的摩擦力。

脚扣使用前应检查有无裂痕和腐朽处,脚扣皮带是否牢固可靠,并进行人体冲击试验。水泥杆脚扣不可用于木杆,木杆脚扣则可用于水泥杆。雨天和冰雪天,两种脚扣都不可使用。使用时上下杆的每一步,都要使扣环完全套入,让其扣牢电杆后,才能移动身体,如图2-21(c)所示。

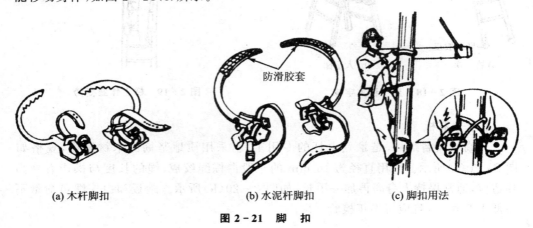

图2-21 脚扣

2.2 电工基本技能的训练

顾名思义,电工基本技能是在电工作业时使用最频繁的操作,时时要用,处处要会。电工是一个技术性很强的工种,其操作水平的提高,必须从最基本的技能训练开始。

2.2.1 导线的选择与线径的测量

1. 导线的选择

在生产、生活实践中,经常要对所使用的导线进行截面积的选择,其方法与步骤如下:

① 根据设备容量,计算出导线中的电流 $I(i)$:

对直流单相电热性负载:$I=P/U$;

对单相电感性负载:$i=p/u(\cos\varphi)$;

对三相负载:$i=p/(\sqrt{3}u\eta\cos\varphi)$。

式中,$P(p)$ 为负载的额定功率;$U(u)$ 为(线)电压;η 为效率,$\cos\varphi$ 为负载的功率因数。负载电流大小也可从产品说明书或使用手册中查询。

② 根据计算出的线路电流,按导线的安全载流量合理选择导线。

导线的安全载流量是指在不超过导线的最高温度的条件下允许长期通过的最大电流。不同截面、不同线芯的导线在不同使用条件下的安全载流量在各有关手册上均可查到。有经验的老师傅将手册上的数据划分成几段,总结了一套口诀,用来估算绝缘铝导线明敷设。环境温度为 25 ℃时的安全载流量及条件改变后的换算方法,口诀如下:

10 下五,100 上二;25、35,四、三界;70、95,两倍半;穿管温度八九折;裸线加一半;铜线升级算。

"10 下五,100 上二"的意思是:10 mm² 以下的铝导线以截面积数乘以 5 即为该导线的安全载流量,100 mm² 以上的铝导线以截面积数乘以 2 即为该导线的安全载流量。

例如,6 mm² 铝导线的安全载流量为 6×5=30 A。

"25、35,四、三界"的意思是:16 mm²、25 mm² 的铝导线以截面积数乘以 4 即为该导线的安全载流量;而 35 mm²、50 mm² 的铝导线以截面积数乘以 3 即为该导线的安全载流量。

"70、95,两倍半"的意思是:70 mm²、95 mm² 的铝导线以截面积数乘以 2.5 即为该种导线的安全载流量。

"穿管、温度八九折"的意思是:当导线穿管敷设时,因散热条件变差,所以,将导线的安全载流量打八折。

例如，6 mm² 铝导线明敷设时安全载流量为 30 A，穿管敷设时为 30 A×0.8＝24 A。

若环境温度过高时将导线的安全载流量打九折。

例如 6 mm² 铝导线的安全载流量为 30 A，环境温度过高时导线的安全载流量为 30 A×0.9＝27 A。假如导线穿管敷设，环境温度又过高，则将导线的安全载流量打八折，再打九折，即 0.80×0.9＝0.72，可按乘 0.72 计算。

"裸线加一半"的意思是：当为裸导线时，同样条件下通过导线的电流可增加，其安全载流量为同样截面积同种导线安全载流量的 1.5 倍。

"铜线升级算"的意思是：铜导线的安全载流量可以相当于高一级截面积铝导线的安全载流量，即 1.5 mm² 铜导线的安全载流量和 2.5 mm² 铝导线的安全载流量相同，依次类推。在实际工作中可按此方法，根据线路负荷电流的大小选择合适截面积的导线。

③ 综合考虑其他因素，进一步确定所选导线的型号。

根据设备的载流量初步选定了导线的截面积后，导线型号的最后确定还需考虑以下因素：

1）用途　是专用线还是通用线，是户内还是户外，是固定还是移动。

2）环境　环境的温度、湿度及散热条件；有无腐蚀性气体、液体、油污；设备的工作方式；根据受力情况考虑机械强度；是否要防电磁干扰；是否需要较好的柔软性。

3）电压　导线的额定电压必须不小于其工作电压；线路的总电压损失不应超过 5%。

4）性价比　从经济指标考虑，提倡优先选用铝芯线。

2. 导线线径的测量

(1) 测量用具

导线线径的测量，一般采用钢尺、游标卡尺及千分尺等。

钢尺主要用于测量精度要求不高的工件或导线，主要规格有 150 mm、300 mm、500 mm 及 1 000 mm 等，如图 2-22 所示。

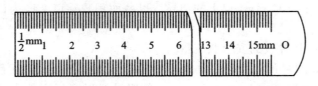

图 2-22　钢　尺

使用钢尺时，尺边缘应与被测体平行，刻度线垂直于测量线；0 数字刻度线应与被测物体的测量起点对齐；读数时一般可估测到 0.1 mm。

游标卡尺可用于测量工件的内径、外径、长度及深度等，也可直接用来测量导线的线径，具有较高的测量精度，如图 2-23 所示。

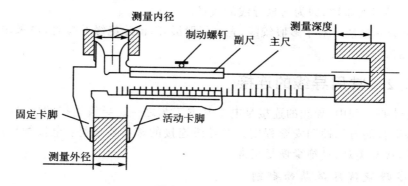

图 2-23 游标卡尺

使用游标卡尺时,先要看清规格,确定精度;测量前校准零位;测量时卡脚两侧应与工件贴合、摆正;读数时要看清主、副尺相对齐的刻度线,实测值包括主尺和副尺两部分。

千分尺可用于导线线径的直接测量,具有较高的测量精度,如图 2-24 所示。

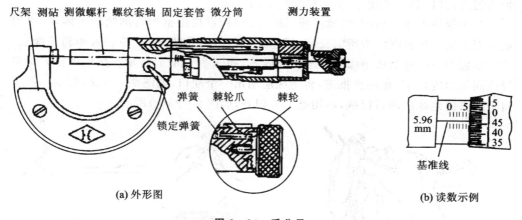

(a) 外形图　　　　　　　　　　　　　　(b) 读数示例

图 2-24 千分尺

使用千分尺时,测量前应将测砧和测微螺杆端面擦干净并校准零位;使测砧接触工件后再转动微分筒,当测微螺杆端面接近工件时改用转动棘轮,当听到"喀喀"声时便停止转动,不可再用力旋转;实测值包括基准线上方值、基准线下方值和微分筒上刻度值。

(2) 测量方法

由于导线的线径通常较小,为了保证测量精度,可采用以下方法中的一种:

1) 直接测量法　对于线径在 4 mm 以上的粗导线,可采用游标卡尺或千分尺直接测量的方法,按不同的径向测量 3~4 次后取平均值。

2) 多匝并测法　对于线径在 4 mm 以下的细导线,先将导线平铺紧绕在铅笔等柱形物体上(圈数在 10 匝以上),然后用钢尺或游标卡尺或千分尺测量平铺后的宽度,再除以导线的匝数,即为每根导线的线径。

3) 拆分测量法 对于多股绞线,先将每股拆开,清除绝缘并拉直,再采用上述的"多匝并测法"。

2.2.2 常用导线的连接

电气装修工程中,导线的连接是电工基本工艺之一。导线连接的质量关系到线路和设备运行的可靠性和安全程度。对导线连接的基本要求是:电接触良好,机械强度足够,接头美观,且绝缘恢复正常。

1. 塑料硬线绝缘层的剖削

塑料硬线绝缘层的去除,有条件时,用剥线钳甚为方便。这里要求能用钢丝钳和电工刀剖削。

线芯截面在 2.5 mm² 及以下的塑料硬线,可用钢丝钳剖削:先在线头所需长度交界处,用钢丝钳口轻轻切破绝缘层表皮,然后左手拉紧导线,右手适当用力捏住钢丝钳头部,向外用力勒去绝缘层,如图 2-25 所示。在勒去绝缘层时,不可在钳口处加剪切力,这样会伤及线芯,甚至将导线剪断。

对于规格大于 4 mm² 的塑料硬线的绝缘层,直接用钢丝钳剖削较为困难,可用电工刀剖削。先根据线头所需长度,用电工刀刀口对导线成 45°角切入塑料绝缘层,注意掌握刀口刚好削透绝缘层而不伤及线芯,如图 2-26(a)所示。然后调整刀口与导线间的角度以 15°角向前推进,将绝缘层削出一个缺口,如图 2-26(b)所示。接着将未削去的绝缘层向后扳翻,再用电工刀切齐,如图 2-26(c)所示。

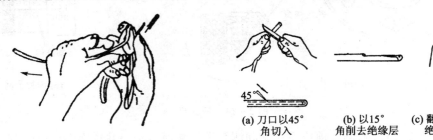

图 2-25 用钢丝钳勒去导线绝缘层　　图 2-26 电工刀剖削塑料硬线
(a) 刀口以 45°角切入　　(b) 以 15°角削去绝缘层　　(c) 翻下剩余绝缘层

2. 塑料软线绝缘层的剖削

塑料软线绝缘层的剖削除用剥线钳外,仍可用钢丝钳根据直接剖削 2.5 mm² 及以下的塑料硬线的方法进行,但不能用电工刀剖削。因塑料软线太软,线芯又由多股铜丝组成,用电工刀很容易伤及线芯。

3. 塑料护套线绝缘层的剖削

塑料护套线绝缘层分为外层的公共护套层和内部每根芯线的绝缘层。公共护套层一般用电工刀剖削,先按线头所需长度,将刀尖对准两股芯线的中缝划开护套层,并将护套层向后扳翻,然后用电工刀齐根切去,如图 2-27 所示。

图 2-27 塑料护套线绝缘层的剖削

切去护套层后,露出的每根芯线绝缘层可用钢丝钳或电工刀按照剖削塑料硬线绝缘层的方法分别除去。钢丝钳或电工刀在切入时切口应离护套层 5~10 mm。

4. 橡皮线绝缘层的剖削

橡皮线绝缘层外面有一层柔韧的纤维编织保护层,先用剖削护套线护套层的办法,先用电工刀尖划开纤维编织层,并将其扳翻后齐根切去,再用剖削塑料硬线绝缘层的方法,除去橡皮绝缘层。如橡皮绝缘层内的芯线上还包缠着棉纱,可将该棉纱层松开,齐根切去。

5. 花线绝缘层的剖削

花线绝缘层分外层和内层,外层是一层柔韧的棉纱编织层。剖削时先用电工刀在线头所需长度处切割一圈拉去,然后在距离棉纱组织层 10 mm 左右处用钢丝钳按照剖削塑料软线的方法将内层的橡皮绝缘层勒去。有的花线在紧贴线芯处还包缠有棉纱层,在勒去橡皮绝缘层后,再将棉纱层松开扳翻,齐根切去,如图 2-28 所示。

(a) 去除编织层和橡皮绝缘层　　(b) 扳翻棉纱

图 2-28 花线绝缘层的剥削

6. 橡套软线(橡套电缆)绝缘层的剖削

橡套软线外包护套层,内部每根线芯上又有各自的橡皮绝缘层。外护套层较厚,可用电工刀按切除塑料护套层的方法切除,露出的多股芯线绝缘层,可用钢丝钳勒去。

7. 铅包线护套层和绝缘层的剖削

铅包线绝缘层分为外部铅包层和内部芯线绝缘层。剖削时先用电工刀在铅包层切下一个刀痕,然后上下左右扳动折弯这个刀痕,使铅包层从切口处折断,并将它从线头上拉掉。内部芯线绝缘层的割除方法与塑料硬线绝缘层的剖削法相同。剖削铅包层的操作过程如图 2-29 所示。

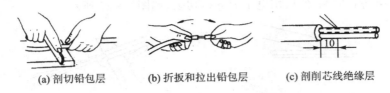

(a) 剖切铅包层　　(b) 折扳和拉出铅包层　　(c) 剖削芯线绝缘层

图 2-29　铅包线绝缘层的剖削

8. 漆包线绝缘层的去除

漆包线绝缘层是喷涂在芯线上的绝缘漆层。由于线径的不同,去除绝缘层的方法也不一样。直径在 1 mm 以上的,可用细砂纸或细纱布擦去,直径在 0.6 mm 以上的,可用薄刀片刮去,直径在 0.1 mm 及以下的也可用细砂纸或细纱布擦除,但易于折断,需要小心。有时为了保留漆包线的芯线直径准确以便于测量,也可用微火烤焦其线头绝缘层,再轻轻刮去。

2.2.3　导线线头的连接

常用的导线按芯线股数不同,有单股、7 股和 19 股等多种规格,其连接方法也各不相同。

1. 铜芯导线的连接

(1) 单股芯线的两种连接法

单股芯线有绞接和缠绕两种方法,绞接法用于截面较小的导线,缠绕法用于截面较大的导线。

绞接法是先将已割除绝缘层并去掉氧化层的两根线头呈"X"形相交(见图 2-30(a)),并互相绞合 2~3 圈(见图 2-30(b)),接着扳直两个线头的自由端,将每根自由线端在对边的线芯上紧密缠绕到线芯直径的 6~8 倍长(见图 2-30(c)),将多余的线头剪去,修理好切口毛刺即可。

缠绕法是将已去除绝缘层和氧化层的线头相对交叠,再用直径为 1.6 mm 的裸铜线做缠绕线在其上进行缠绕(见图 2-31),其中线头直径在 5 mm 及以下的缠绕长度为 60 mm,大于 5 mm 的缠绕长度为 90 mm。

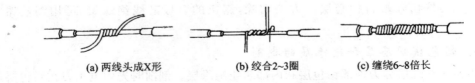

(a) 两线头成X形　　(b) 绞合2~3圈　　(c) 缠绕6~8倍长

图 2-30　单股芯线直线连接(绞接)

(2) 单股铜芯线的 T 形连接

单股芯线 T 形连接时仍可用绞接法和缠绕法。绞接法是将先除去绝缘层和氧化层的线头与干线剖削处的芯线十字相交,注意在支路芯线根部留出 3~5 mm 裸线,接着顺时针方向将支路单股芯线 T 形连线在干路芯线上紧密缠绕 6～8 圈(见图 2-32)。剪去多余线头,修整好毛刺。

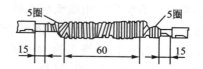

图 2-31 用缠绕法直线连接单股芯线

对用绞接法连接较困难的截面较大的导线,可用缠绕法,如图 2-33 所示。

图 2-32 单股芯线 T 形连接

其具体方法与单股芯线直连的缠绕法相同。

对于截面较小的单股铜芯线,可用图 2-34 所示的方法完成 T 形连接,先把支路芯线线头与干路芯线十字相交,仍在支路芯线根部留出 3～5 mm 裸线,把支路芯线在干线上缠绕成结状,再把支路芯线拉紧扳直并紧密缠绕在干路芯线上。为保证接头部位有良好的电接触和足够的机械强度,应保证缠绕长度为芯线直径的 8～10 倍。

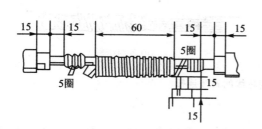

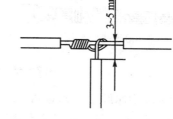

图 2-33 用缠绕法完成单股芯线 T 形连接　　图 2-34 小截面单股芯线 T 形连接

(3) 7 股铜芯线的直线连接

把除去绝缘层和氧化层的芯线线头分成单股散开并拉直,在线头总长的三分之一处(离根部距离)顺着原来的扭转方向将其绞紧,余下的三分之二长度的线头分散成伞形,如图 2-35(a)所示。将两股伞形线头相对,使伞股成二根、二根、三根,三组。然后将两伞股对叉,如图 2-35(b)所示。隔股交叉直至伞形根部相接,然后捏平两边散开的线头,如图 2-35(c)所示。接着 7 股铜芯线按根数 2、2、3 分成三组,先将第一组的两根线芯扳到垂直于线头方向,如图 2-35(d)所示。按顺时针方向缠绕两圈,再弯下扳成直角使其紧贴芯线,如图 2-35(e)所示。第二组、第三组线头仍按第一组的缠绕办法紧密缠绕在芯线上,如图 2-35(f)所示。最后三股芯线密绕至根部,如图 2-35(g)所示。为保证电接触良好,如果铜线较粗较硬,可用钢丝钳将其绕紧。缠绕时注意使后一组线头压在前一组线头已折成直角的根部。最后一组线头应在芯线上缠绕三圈，在缠到第三圈时，把前两组多余的线端剪除，使该两组线头断面能被最后一组第三圈缠绕完的线匝遮住。最后一组线头绕到两圈半时，就剪去多余部分，使其刚好能缠满三圈，最后用钢丝钳钳平线头，修理好毛刺，如图2-35(h)所示。到此完成了该接头的一半任务。后一半的缠绕方法与前一半完全相同。

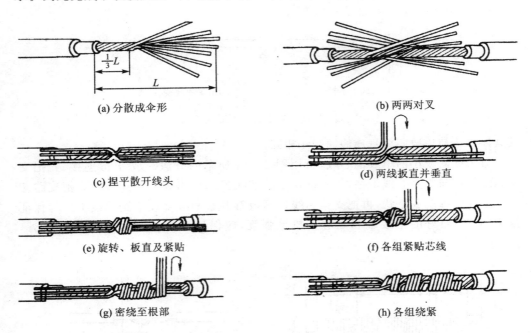

图2-35 七股铜芯线的直线连接

(4) 7股铜芯线的T形连接

把除去绝缘层和氧化层的支路线端分散拉直，在距根部八分之一处将其进一步绞紧，将支路线头按3和4的根数分成两组并整齐排列。接着用一字形螺丝刀把干线也分成尽可能对等的两组，并在分出的中缝处撬开一定距离，将支路芯线的一组穿过干线的中缝，另一组排于干路芯线的前面，如图2-36(a)所示。先将前面一组在干线上按顺时针方向缠绕3～4圈，剪除多余线头，修整好毛刺，如图2-36(b)所示。接着将支路芯线穿越干线的一组在干线上按反时针方向缠绕3～4圈，剪去多余线头，钳平毛刺即可，如图2-36(c)所示。

(5) 19股铜芯线的直线连接和T形连接

19股铜芯线的连接与7股铜芯线连接方法基本相同。在直线连接中，由于芯线股数较多，可剪去中间的几股，按要求在根部留出一定长度绞紧，隔股对叉，分组缠绕。在T形连接中，支路芯线按9和10的根数分成两组，将其中一组穿过中缝后，沿干线两边缠绕。为保证有良好的电接触和足够的机械强度，对这类多股芯线的接

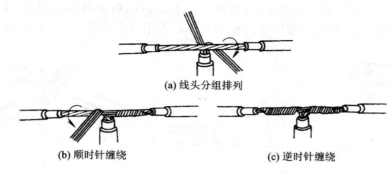

(a) 线头分组排列

(b) 顺时针缠绕　　　　　(c) 逆时针缠绕

图 2-36　7 股铜芯线 T 形连接

头,通常都应进行钎焊处理。

2. 电磁线头的连接

电机和变压器绕组用电磁线绕制,无论是重绕或维修,都要进行导线的连接,这种连接可能在线圈内部进行,也可能在线圈外部进行。前者是在导线长度不够或断裂时用,后者则在连接线圈出线端用。

(1) 线圈内部的连接

对直径在 2 mm 以下的圆铜线,通常是先绞接,后钎焊。绞接时要均匀,两根线头互绕不少于 10 圈,两端要封口,不能留下毛刺,截面较小的漆包线的绞接如图 2-37(a)所示,截面较大的漆包线的绞接如图 2-37(b)所示。

直径大于 2 mm 的漆包圆铜线的连接,多使用套管套接后再钎焊的方法。套管用镀锡的薄铜片卷成,在接缝处留有缝隙,选用时注意套管内径与线头大小配合,其长度为导线的 8 倍左右,如图 2-37(c)所示。连接时,将两根去除了绝缘层的线端相对插入套管,使两线头端部对接在套管中间位置,再进行钎焊,使锡液从套管侧缝充分浸入内部,注满各处缝隙,将线头和导管铸成整体。

(a) 较小截面积的绞接　　　(b) 较大截面积的绞接　　　(c) 接头的连接套管

图 2-37　线圈内部端头连接方法

对截面积不超过 25 mm² 的矩形电磁线,亦用套管连接,工艺同上。

套管铜皮的厚度应选 0.6~0.8 mm 为宜,套管的横截面,以电磁线横截面的 1.2~1.5 倍为宜。

(2) 线圈外部的连接

这类连接有两种情况。一种是线圈间的串、并联和 Y、△形连接等。这类线头的连接,对小截面导线,仍采用先绞接后钎焊的办法;对截面积较大的导线,可用乙炔气焊。另一种是制作线圈引出端头,用如图 2-38(a)、(b)所示的接线端子(接线耳),与线头之间用压接钳压接,如图 2-38(d)所示。若不用压接方法,也可直接钎焊。

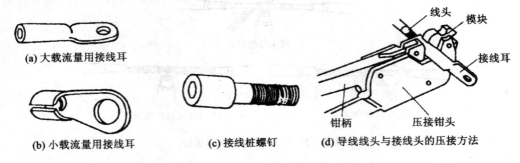

(a) 大载流量用接线耳
(b) 小载流量用接线耳
(c) 接线桩螺钉
(d) 导线线头与接线头的压接方法

图 2-38　接线耳与接线桩螺钉

3. 铝导线线头的连接

铝的表面极易氧化,而且这类氧化铝膜电阻率又高,除小截面铝芯线外,其余铝导线的连接都不采用铜芯线的连接方法。在电气线路施工中,铝线线头的连接常用螺钉压接法、压接管压接法和沟线夹螺钉压接法三种。

(1) 螺钉压接法

将剖除绝缘层的铝芯线头用钢丝刷或电工刀除去氧化层,涂上中性凡士林后,将线头伸入接头的线孔内,再旋转压线螺钉压接。线路上导线与开关、灯头、熔断器、仪表、瓷接头和端子板的连接,多用螺钉压接,如图 2-39 所示。单股小截面铜导线在电器和端子板上的连接亦可采用此法。

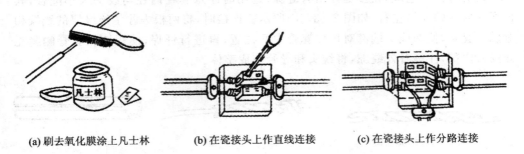

(a) 刷去氧化膜涂上凡士林
(b) 在瓷接头上作直线连接
(c) 在瓷接头上作分路连接

图 2-39　单股铝芯导线的螺钉压接法连接

如果有两个(或两个以上)的线头要接在一个接线板上时,应事先将这几根线头扭作一股,再进行压接;如果直接扭绞的强度不够,还可在扭绞的线头处用小股导线缠绕后再插入接线孔压接。

(2) 压接管压接法

压接管压接法又称为套管压接法,它适用于室内外负荷较大的铝芯线头的连接。接线前,先选好合适的压接管(见图 2-40(b)),清除线头表面和压接管内壁上的氧化层及污物，再将两根线头相对插入并穿出压接管，使两线端各自伸出压接管 25～30 mm（见图 2-40(c)），然后用压接钳进行压接（见图 2-40(d)），压接完工的铝线接头如图 2-40(e) 所示。如果压接的是钢芯铝绞线，应在两根芯线之间垫上一层铝质垫片。压接钳在压接管上的压坑数目，室内线头通常为 4 个。对于室外铝绞线，压坑数目：截面积在 16～35 mm² 的为 6 个，50～70 mm² 的为 10 个；对于钢芯铝绞线，16 mm² 的为 12 个，25～35 mm² 的为 14 个，50～70 mm² 的为 16 个，95 mm² 的为 20 个，125～150 mm² 的为 24 个。

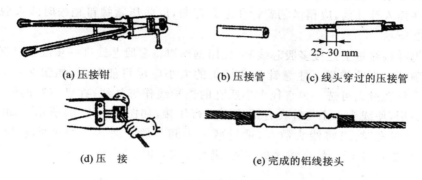

图 2-40 压接管压接法

(3) 沟线夹螺钉压接法

此法适用于室内外截面较大的架空线路的直线和分支连接。连接前先用钢丝刷除去导线线头和沟线夹线槽内壁上的氧化层及污物，并涂上中性凡士林，然后将导线卡入线槽，旋紧螺钉，使沟线夹紧夹线头而完成连接，如图 2-41 所示。为预防螺钉松动，压接螺钉上必须套以弹簧垫圈。

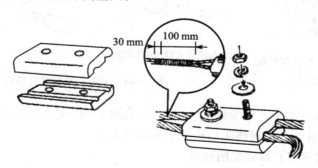

图 2-41 沟线夹螺钉压接法

沟线夹的大小规格和使用数量与导线截面有关。通常导线截面在 70 mm² 及以下的，用一副小型沟线夹，截面在 70 mm² 以上的，用两副较大型号的沟线夹，两副沟线夹之间相距 300～400 mm。

4. 线头与接线桩的连接

(1) 线头与针孔接线桩的连接

端子板、某些熔断器和电工仪表等的接线部位多是利用针孔附有压接螺钉压住线头完成连接的。线路容量小,可用一只螺钉压接;若线路容量较大,或接头要求较高时,应用两只螺钉压接。

单股芯线与接线桩连接时,最好按要求的长度将线头折成双股并排插入针孔,使压接螺钉顶紧双股芯线的中间。如果线头较粗,双股插不进针孔,也可直接用单股,但芯线在插入针孔前,应稍微朝着针孔上方弯曲,以防压紧螺钉稍松时线头脱出,如图 2-42 所示。

在绑扎接线桩上连接多股芯线时,先用钢丝钳将多股芯线进一步绞紧,以保证压接螺钉顶压时不致松散。注意针孔和线头的大小应尽可能配合,如图 2-43(a)所示。如果针孔过大可选一根直径大小适宜的铝导线作绑扎线,在已绞紧的线头上紧密缠绕一层,使线头大小与针孔合适后再进行压接,如图 4-43(b)所示。如线头过大,插不进针孔时,可将线头散开,适量减去中间几股。通常 7 股可剪去 1～2 股,19 股可剪去 1～7 股。然后将线头绞紧,进行压接,如图 2-43(c)所示。

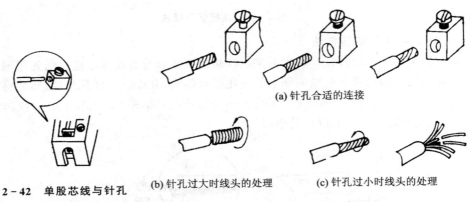

图 2-42　单股芯线与针孔接线压接法

(a) 针孔合适的连接　　(b) 针孔过大时线头的处理　　(c) 针孔过小时线头的处理

图 2-43　多股芯线与针孔接线桩连接

无论是单股或多股芯线的线头,在插入针孔时,一是注意插到底;二是不得使绝缘层进入针孔,针孔外的裸线头的长度不得超过 3 mm。

(2) 线头与平压式接线桩的连接

平压式接线桩是利用半圆头、圆柱头或六角头的螺钉加垫圈将线头压紧,完成电连接。对载流量小的单股芯线,先将线头弯成接线圈(见图 2-44),再用螺钉压接。对于横截面不超过 10 mm^2,股数为 7 及以下的多股芯线,应按图 2-45 所示的步骤制作压接圈。对于载流量较大,横截面积超过 10 mm^2,股数多于 7 股的导线端头,应安装接线耳。

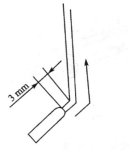   

(a) 离绝缘层根部的 3 mm 处向外侧拆角　　(b) 按略大于螺钉直径弯曲圆弧　　(c) 剪去芯线余端　　(d) 修正圆圈致圆

图 2-44　单股芯线压接圈的弯法

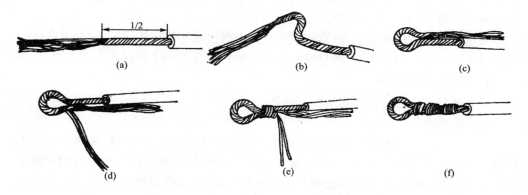

图 2-45　7 股的导线压接圈的弯法

连接这类线头的工艺要求是：压接圈和接线耳的弯曲方向应与螺钉拧紧方向一致，连接前应清除压接圈、接线耳和垫圈上的氧化层及污物，再将压接圈或接线耳压在垫圈下面，用适当的力矩将螺丝拧紧，以保证良好的电接触。压按时注意不得将导线绝缘层压入垫圈内。

软线线头的连接也可用平压式接线桩。导线线头与压接螺钉之间的绕结方法如图 2-46 所示。其工艺要求与上述多股芯线的压接相同。

(3) 线头与瓦形接线桩的连接

瓦形接线桩的垫圈为瓦形。压接时为了不致使线头从瓦形接线桩内滑出，压接前应先将已去除氧化层和污物的线头弯曲成 U 形，如图 2-47(a)所示，再卡入瓦形接线桩压接。如果接线桩上有两个线头连接，应将弯成 U 形的两个线头相重合，再卡入接线桩瓦形垫圈下方压紧，如图 2-47(b)所示。

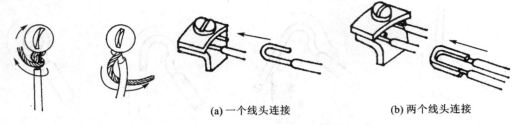

图 2-46 软导线线头连接

(a) 一个线头连接　　(b) 两个线头连接

图 2-47 单股芯线与瓦形接线桩的连接

2.2.4 导线的封端

为保证导线线头与电气设备的电接触和其机械性能,除 10 mm² 以下的单股铜芯线和 2.5 mm² 及以下的多股铜芯线、单股铝芯线能直接与电器设备连接外,大于上述规格的多股或单股芯线,通常都应在线头上焊接或压接接线端子,这种工艺过程叫做导线的封端。但工艺上,铜导线和铝导线的封端是不完全相同的。

1. 铜导线的封端

铜导线封端方法常用锡焊法或压按法。

(1) 锡焊法

先除去线头表面和接线端子内孔表面的氧化层和污物,分别在焊接面上涂上无酸焊膏在线头上先搪一层锡,并将适量焊锡放入接线端子的线孔内,用喷灯对接线端子加热,待焊锡熔化时,趁热将搪锡线头插入端子孔内,继续加热,直到焊锡完全渗透到芯线缝中和灌满线头与接线端子孔内壁之间的间隙,方可停止加热。

(2) 压接法

把表面清洁且已加工好的线头直接插入内表面已清洁的接线端子线孔,然后按本节前面所介绍的压接管压接法的工艺要求,用压接钳对线头和接线端子进行压接。

2. 铝导线的封端

由于铝导线表面极易氧化,用锡焊法比较困难,通常都用压接法封端。压接前除了先除去线头表面和接线端子内孔表面的氧化层和污物外,还应在两者接触面涂以中性凡士林,再将线头插入端子孔,用压接钳压接,以压接完工的铝导线端子,如图 2-48 所示。

图 2-48 铝线线头封端

2.2.5 线头绝缘层的恢复

导线连接前所破坏的绝缘层,在线头连接完工后,必须恢复,且恢复后的绝缘强度一般不应低于剖削前的绝缘强度,方能保证用电安全。电力线上恢复线头绝缘层常用黄蜡带,涤纶薄膜带和黑胶带(黑胶布)三种材料。绝缘带宽度选 20 mm 比较适宜。包缠时,先将黄蜡带从线头的一边在完整绝缘层上离切口 40 mm 处开始包缠,使黄蜡带与导线保持 55°的倾斜角,后一圈压叠在前一圈的二分之一宽度上,如图 2-49(a)、(b)所示。黄蜡带包缠完以后,将黑胶带接在黄蜡带尾端,朝相反方向斜叠包缠,仍倾斜 55°,后一圈仍压叠前一圈的二分之一,如图 2-49(c)、(d)所示。

在 380 V 的线路上恢复绝缘层时,先包缠 1～2 层黄蜡带,再包缠一层黑胶带。在 220 V 线路上恢复绝缘层,可先包一层黄蜡带,再包一层黑胶带。或不包黄蜡带,只包两层黑胶带。

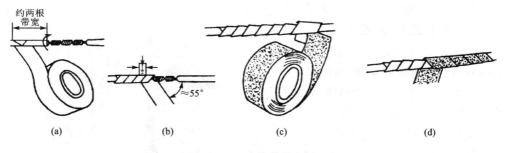

图 2-49 绝缘带的包缠

2.3 思考与练习

1. 电工操作常用的通用电工工具、线路安装工具、设备维修工具有哪些?试简述各自的使用方法。
2. 怎样剖削塑料硬线、塑料软线、塑料护套线、橡皮线、花线、橡套软线和铅包线的绝缘层?
3. 试绘草图说明:单股铜芯线,七股铜芯线进行直线连接和 T 形连接的工艺过程。
4. 导线线头与接线桩的连接有哪几种方法,各自怎样操作?
5. 铜导线和铝导线各应怎样封端?
6. 在 380 V 和 220 V 的线路上,要恢复线头的绝缘层各有哪些要求?
7. 导线线径的测量方法有哪些?
8. 铝导线和铜导线的连接方法有何区别?

第 3 章 电工常用仪表

3.1 钳形电流表

钳形电流表的精确度虽然不高(通常为 2.5 级或 5.0 级),但由于它具有不需要切断电源即可测量的优点,所以,得到广泛的应用。例如,用钳形电流表测试三相异步电动机的三相电流是否正常,测量照明线路的电流平衡程度等。

钳形电流表按结构原理的不同,分为交流钳形电流表和交、直流两用钳形电流表。图 3-1 所示为钳形电流表结构图。

1. 测量原理及使用

钳形电流表主要由一只电流互感器和一只电磁式电流表组成,如图 3-1(a)所示。电流互感器的一次线圈为被测导线,二次线圈与电流表相连接,电流互感器的变比可以通过旋钮来调节,量程从 1 A 至几千 A。

测量时,按动扳手,打开钳口(见图 3-1(b)),将被测载流导线置于钳口中。当被测导线中有交变电流通过时,在电流互感器的铁芯中便有交变磁通通过,互感器的二次线圈中感应出电流。该电流通过电流表的线圈,使指针发生偏转,在表盘标度尺上指出被测电流值。

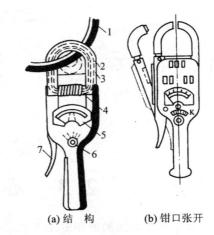

(a) 结 构　　(b) 钳口张开

图 3-1　钳形电流表结构图
1—载流导线；　2—铁芯；　3—磁通；　4—线圈；
5—电流表；　6—改变量程的旋钮；　7—扳手

2. 使用注意事项

① 测量前,应检查仪表指针是否在零位。若不在零位,则应调到零位。同时应对被测电流进行粗略估计,选择适当的量程。如果被测电流无法估计,则应先把钳形表置于最高挡,逐渐下调切换,至指针在刻度的中间段为止。

② 应注意钳形电流表的电压等级,不得将低压表用于测量高压电路的电流。

③ 每次只能测量一根导线的电流,不可将多根载流导线都夹入钳口测量。被测导线应置于钳口中央,否则误差将很大(大于 5%)。当导线夹入钳口时,若发现

有振动或碰撞声,应将仪表扳手转动几下,或重新开合一次,直到没有噪声才能读取电流值。测量大电流后,如果立即测量小电流,应开合钳口数次,以消除铁芯中的剩磁。

④ 在测量过程中不得切换量程,以免造成二次回路瞬间开路,感应出高电压而击穿绝缘。必须变换量程时,应先将钳口打开。

⑤ 在读取电流读数困难的场所测量时,可先用制动器锁住指针,然后到读数方便的地点读值。

⑥ 若被测导线为裸导线,则必须事先将邻近各相用绝缘板隔离,以免钳口张开时出现相间短路。

⑦ 测量时,如果附近有其他载流导线,所测值会受载流导体的影响产生误差。此时,应将钳置于远离其他导体的一侧。

⑧ 每次测量后,应把调节电流量程的切换开关置于最高挡位,以免下次使用时因未选择量程就进行测量而损坏仪表。

⑨ 有电压测量挡的钳形表,电流和电压要分开测量,不得同时测量。

⑩ 测量时,应戴绝缘手套,站在绝缘垫上。读数时要注意安全,切勿触及其他带电体。

3.2 指针式万用表(500型)

1. 概 述

万用表是电工在安装、维修电气设备时用得最多的携带式电工仪表。它的特点是量程多、用途广,便于携带。一般可测量直流电阻、直流电流、交、直流电压等,如图3-2所示。有的表还可测量音频电平、交流电流、电感、电容和三极管的 β 值。

2. 结 构

(1) 表 头

表头是高灵敏度的磁电式直流电流表,表上半部分的刻度盘是万用表进行各种测量的指示部分,如图3-3所示。

例如,500型万用表的指针表头的指示值,面板上最上一条弧形线,左右两侧标有 Ω,此弧形线指示的是电阻值。第二条弧形线,左右两侧标有$\sim$,此弧形线指示的是交、直流电压;直流电流单位为mA或

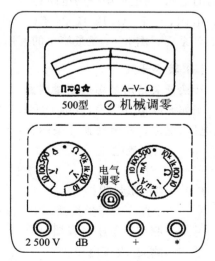

图3-2 500型万用表

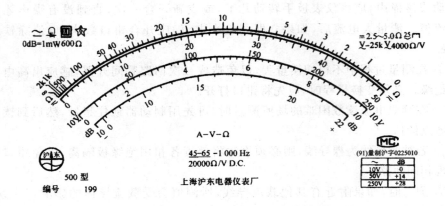

图3-3 指针式万用表(500型)表盘

μA。第三条弧形线,左右两侧标有10 V,是专供交流10 V挡用。最下层弧形线,左右两侧标有dB,是供测音频电平值用的。

(2) 测量线路

由测量各种电量和不同量程的线路构成,如测量电压的分压线路,测量电流的分流线路等。测量电阻的线路有内接电池,即R×1 Ω、R×10 Ω、R×100 Ω、R×1 k挡用1.5 V,R×10 k挡用9 V或更高的电压,与电池串联的电阻称中心电阻,有10 Ω、12 Ω、24 Ω、36 Ω等系列。图3-4是最简单的万用表测量线路图。

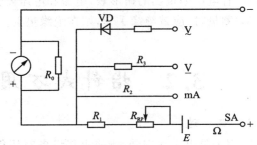

图3-4 简单万用表测量线路

(3) 转换开关

转换开关是用来切换测量线路,以便与表头配合以实现其多电量、多量程的测量。例如500型万用表,有两个转换开关。这两个转换开关互相配合使用,以测量电阻、电压、电流。左侧转换开关标有:

A——测直流电流。

·——空挡。

Ω——测电阻量程挡。

V——测直流电压量程挡(25～500 V)。

V——测交流电压量程挡(10～500V)。

V——测交、直流电压。

50 μA——测直流电流50 μA量程挡。

R×(1～10 k)——测电阻倍率挡。

mA——测直流 mA 量程挡(1~500 mA)。

例如,测电阻时,左侧转换开关转到 Ω 挡,右侧转换开关转到倍率挡,假如倍率挡选用 10,若测量指示为 10,那该电阻为 10×10 Ω＝100 Ω;若倍率选用为 100,指示值仍为 10,该电阻为 100×10 Ω＝1000 Ω。测交流电压 380 V 时,右侧转换开关转到 V̲,左侧转换开关量程选用交流电压 500 挡,指针指示 38,即为 380 V。测交流电压 220 V,量程选用 250 挡,指针指示 44,即为 220 V;测直流电流 25 mA,左侧转换开关置 A̲,量程挡选用 100 mA,指针指示为 12.5,测量值为 25 mA 等。

测量电流、电压时:实际值＝指针读数×量程/满偏刻度。

测量电阻时:实际值＝指针读数×倍率。

3. 面板符号及数字的识别(以 500 型为例)

面板符号和数字是仪表性能和使用简要说明书,应予充分了解。

(1) 面板符号

1) 工作原理符号:表示磁电系整流仪表。

2) 工作位置符号:表示水平放置。

3) 绝缘强度:☆绝缘强度试验,电压为 6 kV;☆内面数据为 0 时,不进行绝缘试验。

4) 防外磁电场级别符号。表示三级防外磁场。

5) 电流种类符号:≃交直流;—直流或脉动直流。

6) A - V - Ω 表示可测电流、电压和电阻。

(2) 面板数字

1) 表示准确度等级的数字:~5.0 表示交流 5.0 级;$\overline{\cdots}$2.5 表示直流或脉动直流 2.5 级;Ω2.5 表示电阻挡为 2.5 级准确度。

2) 表示电压灵敏度的数字:V̲—2.5 kV 4 000 Ω/V 表示测交流电压和 2.5 kV 交直流电压时,电压灵敏度为每伏 4 000 Ω;20 000 Ω/V · DC 表示测直流电压时电流灵敏度为每伏 20 000 Ω。电压灵敏度越高,说明测量时对原电路影响越小。不同的表示方法略有不同,如 4 000 Ω/V̲,20 000 Ω/V̲ 等。每伏的电阻数值越大,则灵敏度越高。

3) 表示使用频率范围的数字:45—65—1 000 Hz 表示频率在 45~65 Hz 范围内,能保证测量的准确度,最高使用频率为 1 000 Hz。

4) 音频电平与电压、功率的关系式为

$$L(\mathrm{dB}) = 10 \lg P_2/P_1 = 20 \lg V_2/V_1$$

式中,P_1 是在 600 Ω 负载阻抗上 0 dB 的标称功率为 1 mW。V_1 为在 600 Ω 负荷阻抗上消耗功率为 1 mW 时的相应电压,即 $V = \sqrt{PZ} = \sqrt{0.01\ \mathrm{W} \times 600\ \Omega} = 0.775\ \mathrm{V}$。$P_2$、$V_2$ 为被测功率和电压。指示值见"dB"刻度。

(3) 准确度等级符号说明

几种表示准确度等级符号如表 3-1 所列。

表 3-1　准确度等级符号

符　号	说　明
1.5	以标度尺量限百分数表示的准确度等级,例如 1.5 级
∨1.5	以标度尺长度百分数表示的准确度等级,例如 1.5 级
①1.5	以指示值百分数表示的准确度等级,例如 1.5 级

4. 基本使用方法

(1) 机械调零

在表盘下有一个"一"字塑料螺钉孔,用一字螺刀旋转螺钉孔,即调整仪表指针到 0 位(与仪表最左端的刻度线重合)。

(2) 插孔选择要正确

测电流、电压、电阻时,红表笔插"＋"孔,黑表笔插"—"孔。

(3) 转换开关位置选择正确(包括种类,量程(或倍率))

详见结构"(3)转换开关"叙述。

(4) 测量电流

万用表要串联于被测电路中,并注意测直流电路时高电位接"＋"红表笔,低电位接"—"黑表笔。

(5) 测电压

万用表与被测电路并联,测直流电压时,高电位接红表笔,低电位接黑表笔。

(6) 测量电阻

万用表与被测电路并联,每次换量程都要先进行欧姆调零,也叫电气调零,欧姆调零旋钮在四个插孔中间标有"Ω"符号。欧姆调零时,将两表笔短接,调节欧姆调零旋钮,使指针指在右边零位。

5. 注意事项

① 测量电压或电流时,不能带电转动转换开关,否则有可能将转换开关触点烧坏。

② 测量电压或电流时,种类(电流还是电压)、量程(范围)要选择正确,否则要烧表。

③ 测量电阻时,被测设备不能带电,两手不能同时触及表笔金属部分。指针应在表盘的 1/3～2/3 处,此时读数准确率较高。

④ 万用表用毕后,将转换开关转到交流电压最高挡量程处,或将转换开关都转到空挡(·)位置。

3.3 数字万用表(DT-9202型)

1. 面板结构

DT-9202数字万用表具有精度高、性能稳定、可靠性高且功能全的特点,其面板结构如图3-5所示。

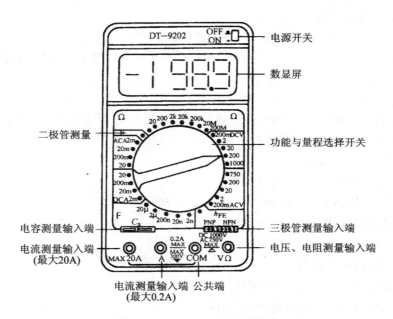

图3-5 DT-9202数字万用表

2. 基本使用方法

(1) 检验好坏

首先应先检查数字万用表外壳及表笔是否无损伤,然后再做如下检查:

① 将电源开关打开,显示器应有数字显示。若显示器出现低电压符号应及时更换电池。

② 表笔孔旁的"MAX"符号,表示测量时被测电路的电流、电压不得超过量程规定值,否则损坏内部测量电路。

③ 测量时,应选择合适量程,若不知被测值大小,可将转换开关置于最大量程挡,在测量中按需要逐步下降。

④ 如果显示器显示"1",一种表示量程偏小,称为"溢出",需选择较大的量程;另一种表示无穷大。

⑤ 当转换开关置于"Ω""—▷├—"挡时,不得引入电压。

(2) 直流电压的测量

直流电压的测量范围为 0~1 000 V,共分五挡,被测量值不得高于 1 000 V 的直流电压。

① 将黑表笔插入 COM 插孔,红表笔插入 V/Ω 插孔。

② 将转换开关置于直流电压挡的相应量程。

③ 将表笔并联在被测电路两端,红表笔接高电位端,黑表笔接低电位端。

(3) 直流电流的测量

直流电流的测量范围 0~20 A,共分四挡。

① 范围在 0~200 mA 时,将黑表笔插入 COM 插孔,红表笔插"mA"插孔;测量范围在 200 mA~20 A 时,红表笔应插"20 A"插孔。

② 转换开关置于直流电流挡的相应量程。

③ 两表笔与被测电路串联,且红表笔接电流流入端,黑表笔接电流流出端。

④ 被测电流大于所选量程时,电流会烧坏内部保险。

(4) 交流电压的测量

测量范围为 0~750 V,共分五挡。

① 将黑表笔插入 COM,红表笔插入 V/Ω 插孔。

② 将转换开关置于交流电压挡的相应量程。

③ 红黑表笔不分极性且与被测电路并联。

(5) 交流电流的测量

测量范围为 0~20 A,共分四挡。

① 表笔插法与"直流电流测量"相同。

② 将转换开关置于交流电流挡的相应量程。

③ 表笔与被测电路串联,红黑表笔不需考虑极性。

(6) 电阻的测量

测量范围为 0~200 MΩ,共分七挡。

① 黑表笔插入 COM 插孔,红表笔插入 V/Ω 插孔(注红表笔极性为"+")。

② 将转换开关置于电阻挡的相应量程。

③ 表笔开路或被测电阻值大于量程时,显示为"1"。

④ 仪表与被测电路并联。

⑤ 严禁被测电阻带电,且所得阻值直接读数无须乘倍率。

⑥ 测量大于 1 MΩ 电阻值时,几秒钟后读数方能稳定,这属于正常现象。

(7) 电容的测量

测量范围为 0~20 μF,共分五挡。

① 将转换开关置于电容挡的相应量程。

② 将待测电容两脚插入 CX 插孔即可读数。

(8) 二极管测试和电路通断检查

① 将黑表笔插入 COM 插孔,红表笔插入 V/Ω 插孔。

② 将转换开关置于"⟶|⟵"和"·"位置。

③ 红表笔接二极管正极,黑表笔接其负极,则可测得二极管正向压降的近似值。

④ 将两只表笔分别触及被测电路两点,若两点电阻值小于 70 Ω 时,表内蜂鸣器发出叫声则说明电路是通的;反之,则不通。以此用来检查电路通断。

(9) 三极管共发射极直流电流放大系数的测试

① 将转换开关置于 h_{FE} 位置。

② 测试条件为 $I_B=10~\mu A$,$U_{CE}=2.8~V$。

③ 三只引脚分别插入仪表面板的相应插孔,显示器将显示出 h_{FE} 的近似值。

3. 注意事项

① 数字万用表内置电池后方可进行测量工作,使用前应检查电池电源是否正常。

② 检查仪表正常后方可接通仪表电源开关。

③ 用导线连接被测电路时,导线应尽可能短,以减少测量误差。

④ 接线时先接地线端,拆线时后拆地线端。

⑤ 测量小电压时,逐渐减小量程,直至合适为止。

⑥ 数显表和晶体管(电子管)电压表过负荷能力较差。为防止损坏仪表,通电前应将量程选择开关置于最高电压挡位置,并且每测一个电压以后,应立即将量程开关置于最高挡。

⑦ 一般多数电压表均为测量电压有效值(有的仪表测量的基本量为最大值或平均值)。

3.4 兆欧表

兆欧表又称绝缘电阻表,是专门用来测量电气线路和各种电气设备绝缘电阻的便携式仪表。它的计量单位是兆欧(MΩ),所以称为兆欧表。

1. 兆欧表的组成和测量原理

兆欧表的主要组成部分是一个磁电式流比计和一只手摇发电机。发电机是兆欧表的电源,可以采用直流发电机,也可以用交流发电机,并与整流装置配用。直流发电机的容量很小,但电压很高(100~5 000 V)。磁电式流比计是兆欧表的测量机构,由固定的永久磁铁和可在磁场中转动的两个线圈组成。兆欧表的外形和线路如图 3-6 和图 3-7 所示。

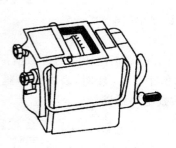

图 3-6 兆欧表外形

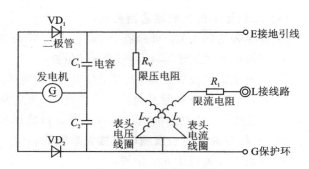

图 3-7 兆欧表线路图

当用手摇动发电机时,两个线圈中同时有电流通过,在两个线圈上产生方向相反的转矩,表针就随着两个转矩的合成转矩的大小而偏转某一角度,这个偏转角度取决于上述两个线圈中电流的比值。由于附加电阻的阻值是不变的,所以,电流值仅取决于待测电阻阻值的大小。

值得一提的是,兆欧表测得的是在额定电压作用下的绝缘电阻值。万用表虽然也能测得数千欧的绝缘电阻值,但它所测得的绝缘电阻,只能作为参考。因为万用表所使用的电池电压较低,绝缘材料在电压较低时不易击穿,而一般被测量的电气线路和电气设备均要在较高电压下运行,所以,绝缘电阻只能采用兆欧表来测量。

2. 使用方法和注意事项

(1) 兆欧表的选择

① 电压等级的选择:兆欧表的选择应以所测电气设备的电压等级为依据。通常,额定电压在 500 V 以下的电气设备,选用 500 V 或 1 000 V 的兆欧表;额定电压在 500 V 以上的电气设备,选用 1 000 V 或 2 500 V 的兆欧表。电气设备究竟选用哪种电压等级的兆欧表来测定其绝缘电阻,有关规程都有具体说明,按说明选用即可。

必须指出,切不可任意选用电压过高的兆欧表,以免将被测设备的绝缘击穿而造成事故。同样,也不得选用电压过低的兆欧表,否则无法测出被测对象在额定工作电压下的实际绝缘电阻值。

② 量程的选择:所选量程不宜过多地超出被测电气设备的绝缘电阻值,以免产生较大误差。测量低压电气设备的绝缘电阻时,一般可选用 0~200 MΩ 挡;测量高压电气设备或电缆的绝缘电阻时,一般可选用 0~2 500 MΩ 挡。有些兆欧表的刻度不是从零开始,而是从 1 MΩ 或 2 MΩ 开始。这种兆欧表不宜用来测量潮湿环境中的低压电气设备的绝缘电阻。因为在潮湿环境下电气设备的绝缘电阻值有可能小于 1 MΩ,测量时在仪表上得不到读数,容易误认为绝缘电阻值为零而得出错误的结论。

(2) 测量前的准备

① 测量前,应切断被测设备的电源,并进行充分放电(约需 2~3 min),以确保人

身和设备的安全。

② 擦拭被测设备的表面,使其保持清洁、干燥,以减小测量误差。

③ 将兆欧表放置平稳,并远离带电导体和磁场,以免影响测量的准确度。

④ 对有可能感应出高电压的设备,应采取必要的措施。

⑤ 对兆欧表进行一次开路和短路试验,以检查兆欧表是否良好。试验时,先将兆欧表"线路(L)""接地(E)"两端钮开路,摇动手柄,指针应指在"∞"位置;再将两端钮短接,缓慢摇动手柄,指针应指在"0"处。否则,表明兆欧表有故障,应进行检修。

(3) 测量方法和注意事项

① 兆欧表接线柱与被测设备之间的连接导线,不可使用双股绝缘线、平行线或绞线,而应选用绝缘良好的单股铜线,并且两条测量导线要分开连接,以免因绞线绝缘不良而引起测量误差。

② 摇动手柄的速度应由慢逐渐加快,一般保持转速在 120 r/min 左右为宜,在稳定转速 1 min 后即可读数。如果被测设备短路,指针摆到"0",应立即停止摇动手柄,以免烧坏仪表。

③ 兆欧表上有分别标有"接地(E)""线路(L)"和"保护环(G)"的三个端钮。测量线路对地的绝缘电阻时,将被测线路接于 L 端钮上,E 端钮与地线相接,如图 3-8(a)所示。测量电动机定子绕组与机壳间的绝缘电阻时,将定子绕组接在 L 端钮上,机壳与 E 端连接,如图 3-8(b)所示。测量电缆芯线对电缆绝缘保护层的绝缘电阻时,将 L 端钮与电缆芯线连接,E 端钮与电缆绝缘保护层外表面连接,将电缆内层绝缘层表面接于保护环端钮 G 上,如图 3-8(c)所示。

(a) 测量设备对地绝缘电阻　　(b) 测量电机相间绝缘电阻　　(c) 测量电缆芯线绝缘电阻

图 3-8　兆欧表测量绝缘电阻的接线

④ 测量电容器的绝缘电阻时应注意,电容器的击穿电压必须大于兆欧表发电机发出的额定电压值。测试电容后,应先取下兆欧表表线再停止摇动手柄,以免已充电的电容向兆欧表放电而损坏仪表。

⑤ 同杆架设的双回路架空线和双母线,当一路带电时,不得测试另一路的绝缘电阻,以防感应高压危害人身安全和损坏仪表。

⑥ 测量时,所选用兆欧表的型号、电压值以及当时的天气、温度、湿度和测得的绝缘电阻值,都应一一记录下来,并据此判断被测设备的绝缘性能是否良好。

⑦ 测量工作一般由两人完成。测量完毕,只有在兆欧表完全停止转动和被测设备对地充分放电后,才能拆线。被测设备放电的方法是:用导线将测点与地(或设备

外壳)短接 2~3 min。

3.5 接地电阻测试仪

接地电阻测试仪又称接地电阻摇表,主要用来直接测量接地装置的电阻和土壤电阻率。它工作效率高,不用外加电压,接线简单,可以直接读出接地电阻的数值。目前常用的有 ZC-8 型和 ZC-29 型,ZC-8 型外形如图 3-9 所示。

1. 接地电阻测试仪的结构

接地电阻测试仪,由手摇交流发电机、电流互感器、滑线电阻及检流计等组成。附件有接地探测针及连接导线等。

仪表的接线端钮有三个的,也有四个的。它们的不同点是:具有三个端钮仪表的倍率是 1、10 和 100,只能测接地装置的电阻值。具有四个端钮仪表的倍率是 0.1、1.0 和 10。

图 3-9 ZC-8 型接地电阻测试仪

2. 使用基本知识

① 测量前,需对接地电阻摇表进行试验,以鉴别其好坏。由于发电机绕组的绝缘水平很低,故不允许做开路试验,只能做慢摇的短路试验。若指针能够很灵活地偏转,并能通过调整测量标度盘使指针返回零位,这时指针、度盘零线和表盘零线重合,则说明测试仪是好的。

② 当检流计的灵敏度过高时,可将电位探测针 P' 插入土壤浅一些,当检流计灵敏度不够时,可沿电位探测针注水使其湿润。

③ 当接地极 E' 和电流探测针 C' 之间的距离大于 20 m 时,电位探测针 P' 的位置插在离开 E'、C' 之间的直线几米以外时,其测量的误差可以不计,但 E'、C' 间的距离小于 20 m 时,则应将电位探测针 P' 插在 E' 和 C' 的直线中间。

3. 接地电阻的测量

(1) 准备工作

① 将与被测的接地装置相连接的设备线路断开,做好相应的安全措施。

② 准备必要的工具和材料。

③ 准备好接地电阻测试仪及其附件。

④ 选适当的位置按要求距离打好接地电阻测试仪的钢钎。

⑤ 将接地电阻测试仪从接地线连接部位拆下来准备测量。

⑥ 进行接地电阻测试仪短路实验(将 C、P、E 用铜线短接起来,摇动仪表手把,检查表针应与表盘上基线重合)证明测试仪完好。

(2) 使用器材

① ZC-8 或 ZC-29 型接地电阻测试仪一台。

② 辅助接地钢钎两根(仪器本身附带)。
③ 塑料绝缘软铜线三根,分别为 40 m、20 m 和 5 m 三种颜色(红、黄、黑)。
④ 电工使用的工具和锤子。

(3) 测试数据标准

电力系统中,接地装置的工频接地电阻:
① 工作接地 4 Ω 及以下。
② 保护接地 4 Ω 及以下。
③ 重复接地 10 Ω 及以下。

(4) 防雷保护的接地装置——工频接地电阻

① 独立避雷针电阻在 10 Ω 及以下。
② 架空避雷线,根据土壤电阻率的不同分别为 10~30 Ω 及以下。
③ 变、配电所母线上阀型避雷器的接地线电阻在 5 Ω 及以下。
④ 变电所架空进线段上的管型避雷器电阻在 10 Ω 及以下。
⑤ 低压进户线绝缘子铁脚接地的接地线电阻在 30 Ω 及以下。
⑥ 烟囱或水塔上避雷针的接地引下线接地电阻值 10~30 Ω 及以下。

(5) 测量接线

接地电阻测量的接线如图 3-10 所示。

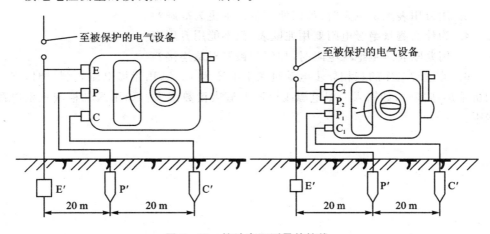

图 3-10 接地电阻测量的接线

(6) 测试步骤

① 按图接线,放平接地电阻测试仪,调整机械调零旋钮,使检流计指针指在中心线 0 位上。
② 检查测试线是否分布于一条直线上,测试探针深度是否满足其长度的 1/3~1/2。
③ 选择适当倍率,转动测量标度盘的同时摇动手把,观测指针偏转角度。当指针近于 0 位时,以 120 r/min 的转速摇动手把,调节测量标度盘,使指针指到零位。

当摇把以 120 r/min 以上的速度转动时,便产生约 110~115 Hz 的交流电,经整流后到被测接地装置的电路上。

④ 读数,将测量标度盘的指示值乘以倍率即为被测接地装置的接地电阻值。

⑤ 拆除测量线,恢复接地装置的连接线,收好测试仪准备再次测量使用。

(7) 测试中安全注意事项

① 不准带电测试接地装置的接地电阻值。

② 测量时,测试用探针应选择土壤较好的地段,并避免测试线与地下金属管道及电缆平行;若测量时发现表针指示不稳,可适当调整打入地中探针的深度,或在地中浇入适量的水,如果无效说明该地下有其他管道或电缆应另选合适的地段。

③ 接地电阻测试仪不准开路摇动手把,否则将损坏接地电阻测试仪。

④ 潮湿季节或雨后土壤水分大,不宜测试。

3.6　思考与练习

1. 指针式万用表有哪些功能?

2. 指针式万用表在测量前的准备工作有哪些?用它测量电阻的注意事项有哪些?

3. 用万用表测量电阻时,如何使测量结果更为准确?

4. 为什么测量绝缘电阻要用兆欧表,而不能用万用表?

5. 用兆欧表测量绝缘电阻时,如何与被测对象连接?

6. 某正常工作的三相异步电动机额定电流为 10 A,用钳形电流表测量时,当电动机星形连接时,如钳入一根电源线钳形电流表读数多大?如钳入二根或三根电源线呢?

第 4 章 常用室内配线方式及照明电路的安装

4.1 常用室内配线方式

导线在室内的敷设以及对用于支持、固定和保护导线用的配件的安装,总称为室内配线。根据房屋结构和要求不同,室内配线分为明线安装和暗线安装两种。导线沿墙壁、天花板、梁与柱子等进行的敷设,称为明线安装。导线穿管后暗设在墙内、梁内、柱内、地面内、地板内或暗设在不能进入的吊顶内而进行的敷设,称为暗线安装。

配线方式一般可分为:瓷夹板配线、瓷绝缘子配线、槽板配线、护套线配线和线管配线等。瓷夹板配线虽然结构简单、安装维修方便、成本低;但由于机械强度低,也不美观,因此在室内线路安装中,已逐渐被护套线配线所取代。槽板配线所用的槽板,有木槽板、塑料槽板和铝合金槽板。木槽板已被塑料槽板和铝合金槽板所取代,且在工厂中使用较少。

4.1.1 瓷绝缘子配线

瓷绝缘子绝缘性能较高,机械强度较高,适用于负载较大、线路较长或比较潮湿的场所。瓷绝缘子分为鼓形瓷绝缘子、蝶形瓷绝缘子、针式瓷绝缘子、悬式瓷绝缘子,其外形如图 4-1 所示。鼓形瓷绝缘子适合较细导线的配线;截面大于 16 mm² 的导线常用针式瓷绝缘子配线。导线截面较粗时一般采用其他几种瓷绝缘子配线。

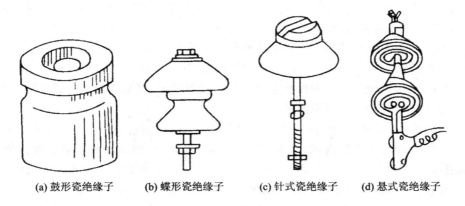

(a) 鼓形瓷绝缘子　　(b) 蝶形瓷绝缘子　　(c) 针式瓷绝缘子　　(d) 悬式瓷绝缘子

图 4-1　瓷绝缘子的种类

1. 瓷绝缘子配线方法

① 定位：定位工作应在土建施工未抹灰前进行。首先按施工图确定电气元件的安装地点，然后再确定导线的敷设位置，确定穿过墙壁和楼板的位置，以及起始、转角和终端瓷绝缘子的固定位置，最后再确定中间瓷绝缘子的安装位置。

② 画线：画线可使用粉线袋或边缘刻有尺寸的木板条。

画线应尽可能沿房屋线脚、墙角等处，用铅笔或粉袋画出安装线路，并在每个电气元件固定点中心处画一个"×"号。如果室内已粉刷，画线时注意不要弄脏建筑物表面。

③ 凿眼：按画线定位进行凿眼。在砖墙上凿眼，可采用小扁凿或冲击钻；在混凝土结构上凿眼，可用麻线凿或冲击钻；在墙上凿穿通孔，可用长凿，在快要打通时要减小锤击力，以免将墙壁的另一面打掉大块的墙皮，也可避免长凿冲出墙外伤人。

④ 安装木榫或埋设缠有铁丝的木螺钉：所有的孔眼凿好后，可在孔眼中安装木榫或埋设缠有铁丝的木螺钉。缠有铁丝的木螺钉如图4-2所示。埋设时，先在孔眼内洒水淋湿，然后将缠有铁丝的木螺钉用水泥嵌入凿好的孔中，当水泥干燥至相当硬度后，旋出木螺钉，待以后安装瓷绝缘子等元件。

⑤ 埋设穿墙瓷管或过楼板钢管：最好在土建施工砌墙时预埋穿墙瓷管或过楼板钢管；过梁或其他混凝土结构预埋瓷管，应在土建施工铺设模板时进行。预埋时可先用竹管或塑料管代替，待土建施工结束，拆去模板并进行刮糙后，将竹管除去换上瓷管；若采用塑料管，可直接代替瓷管使用。

图4-2 缠有铁丝的木螺钉

⑥ 瓷绝缘子的固定：

1) 在木结构上只能固定鼓形瓷绝缘子，可用木螺钉直接拧入。

2) 在砖墙上固定瓷绝缘子，可利用预埋的木榫和木螺钉来固定，或用预埋的支架和螺栓来固定鼓形瓷绝缘子、蝶形瓷绝缘子、鼓形瓷绝缘子和针式瓷绝缘子等。此外，也可采用缠有铁丝的木螺钉和膨胀螺栓来固定鼓形瓷绝缘子。

3) 在混凝土墙上固定瓷绝缘子，可用缠有铁丝的木螺钉和膨胀螺栓来固定鼓形瓷绝缘子，或用预埋的支架和螺栓来固定鼓形瓷绝缘子、蝶形瓷绝缘子或针式瓷绝缘子，也可用环氧树脂黏接剂来固定瓷绝缘子。

⑦ 放线：敷设导线前，首先将成卷的导线沿着敷设线路放出。若线径较粗、线路较长时，可用放线架放线，如图4-3(a)所示。操作时，将成卷导线套上放线架，从内线卷抽出导线的一端，沿导线敷设路径放开，为线路敷设做好准备。如果线路较短、线径又不太粗，可用手工放线。放线时，顺着导线盘绕方向，一人转动线盘，另一人牵着导线的一端进行放线，如图4-3(b)所示。放线时尽量避免产生急弯和打结；否则会伤及导线绝缘层，严重时会伤及线芯。

⑧ 敷设导线及导线绑扎：在瓷绝缘子上敷设导线，应从一端开始，只将一端的导线绑扎在瓷绝缘子的颈部。如果导线弯曲，应提前矫直，然后将导线的另一端收紧绑扎固定，最后把中间导线也绑扎固定。导线在瓷绝缘子上绑扎固定的方法如下：

1）终端导线的绑扎，如图 4-4 所示。导线的终端可用回头线绑扎，绑扎线宜用绝缘线绑扎，绑扎的线径和绑扎圈数，如表 4-1 所列。

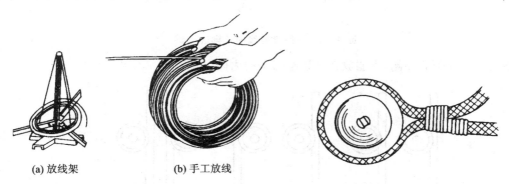

(a) 放线架　　　　(b) 手工放线

图 4-3　放　线　　　　　　图 4-4　终端导线的绑扎

表 4-1　绑扎线的线径和绑扎圈数

导线截面/mm²	绑扎线直径/mm			绑线圈数/圈	
	纱包铁芯线	铜芯线	铝芯线	公圈数	单圈数
1.5～10	0.8	1.0	2.0	10	5
10～35	0.89	1.4	2.0	12	5
50～70	1.2	2.0	2.6	16	5
95～120	1.24	2.6	3.0	20	5

2）直线段导线与鼓形瓷绝缘子、蝶形瓷绝缘子的绑扎。直线段导线一般采用单绑法或双绑法，单绑线法如图 4-5 所示。截面为 10 mm² 及以上的导线多采用双绑法，如图 4-6 所示。

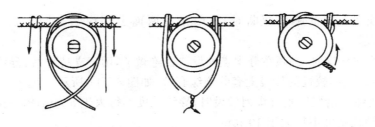

图 4-5　直线段导线的单绑法

3）平行导线的绑扎，如图 4-7 所示。平行的两根导线，应放在两瓷绝缘子的同

图 4-6 直线段导线的双绑法

一侧或瓷绝缘子的外侧,不能放在两瓷绝缘子的内侧。

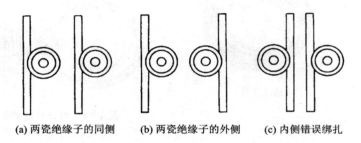

(a) 两瓷绝缘子的同侧　　(b) 两瓷绝缘子的外侧　　(c) 内侧错误绑扎

图 4-7 平行导线在瓷绝缘子上的绑扎

2. 瓷绝缘子绑扎的注意事项

① 在建筑物的侧面或斜面配线时,必须将导线绑扎在瓷绝缘子上方,如图 4-8 所示。

② 导线在同一平面内,如有弯曲时,瓷绝缘子必须装设在导线曲折角的内侧,如图 4-9 所示。

图 4-8 导线绑在瓷绝缘子上　　　图 4-9 绝缘瓷柱在导线曲折角内侧

③ 导线在不同的平面弯曲时,在凸角的两面上都应装上两个瓷绝缘子,如图 4-10 所示。

④ 导线在分支时,必须在分支点处设置瓷绝缘子,用于支持导线;导线互相交叉时应在距离建筑物较近的导线上套装绝缘套管,如图 4-11 所示。

⑤ 瓷绝缘子沿墙壁垂直排列敷设时,导线弛度不得大于 5 mm;沿屋架或水平支架敷设时,导线弛度不得大于 10 mm。

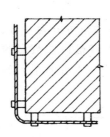

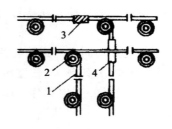

1—导线； 2—瓷绝缘子；
3—接头包胶布； 4—绝缘套管

图 4-10　瓷绝缘子在不同平面的转弯方法　　图 4-11　瓷绝缘子的分支方法

4.1.2　塑料护套线配线

护套线是一种具有聚氯乙烯塑料护层的双芯或多芯导线，具有防潮、耐酸和防腐蚀等性能，可直接敷设在空心楼板内和建筑物的表面，用钢筋轧片或塑料卡作为导线的固定支持物。

护套线敷设的施工方法简单，维修方便，线路外形整齐美观，造价低廉，目前已代替木槽板和瓷夹应用在室内明敷的住宅楼、办公室等建筑物内。但护套线截面积小，大容量电路中不宜采用。不宜直接埋入抹灰层内暗配敷设，也不宜在室外露天场所长期敷设。

1. 塑料护套线的配线方法

① 定位画线　先根据各电器的安装位置，确定好线路的走向，然后用弹线袋画线。按照护套线的安装要求，通常直线部分取 150～200 mm，画出固定钢筋轧片线卡的位置，在距离开关、插座和灯具 50 mm 的木台处都需设置钢筋轧片线卡的固定点，如图 4-12 所示。

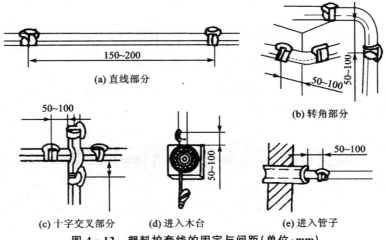

图 4-12　塑料护套线的固定与间距(单位:mm)

② 凿眼并安装木榫　在铁钉钉不进壁面灰层时，必须凿眼安装木榫，确保线路不松动。

③ 钢筋轧片的固定　钢筋轧片如图 4-13 所示，其规格可分为 0 号、1 号、2 号、3 号、4 号等几种，号码越大，长度越长。护套线线径大的或敷设线数多的，应选用号数较大的钢筋轧片。在室内外照明线路中，通常用 0 号和 1 号钢筋轧片线卡。

在木质结构上，可沿线路走向在固定点直接用钉子将钢筋轧片线卡钉牢。在砖结构上，可用小铁钉钉在粉刷层内，但在转角、分支、进木台的进用电器处应预埋木榫。若线路在混凝土结构或预制板上敷设，可用环氧树脂或其他合适的黏合剂固定钢筋轧卡。

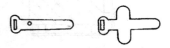

图 4-13　常用钢筋轧片线卡

④ 放线　放线工作是保证护套线敷设质量的重要环节，因此导线不能拉乱，不可使导线产生扭曲现象。在放线时需要两个人合作进行，一人把整盘线套入双手中，另一人将导线的一端向前直拉。放出的导线不得在地上拖拉，以免损伤护套层。如线路较短，为便于施工，可按实际长度并留有一定的余量，将导线剪断。放线的方法可参照图 4-3 所示进行。

⑤ 护套线的敷设　护套线的敷设必须横平竖直。敷设时，用一只手拉紧导线，另一只手将导线固定在钢筋轧片线卡上，如图 4-14(a) 所示。对截面较大的护套线，为了敷直，可在直线部分两端各上一副瓷夹。先把护套线一端固定在瓷夹中，然后勒直并在另一端收紧护套线，再固定到另一副瓷夹中，两副瓷夹之间护套线按档距固定在钢筋轧片线卡上，如图 4-14(b) 所示。如果中间有接头、分支，应加装接线盒。

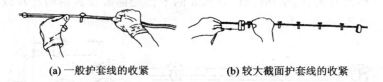

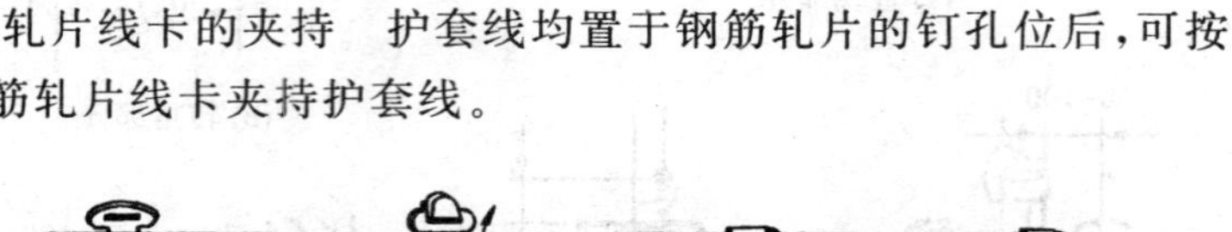

(a) 一般护套线的收紧　　　　(b) 较大截面护套线的收紧

图 4-14　护套线的收紧方法

⑥ 钢筋轧片线卡的夹持　护套线均置于钢筋轧片的钉孔位后，可按图 4-15 所示方法用钢筋轧片线卡夹持护套线。

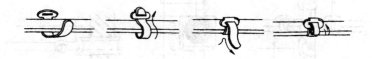

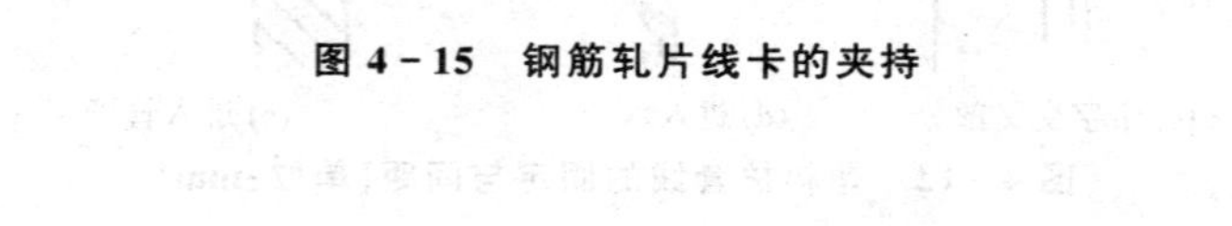

图 4-15　钢筋轧片线卡的夹持

⑦ 护套线转弯　护套线折弯半径不得小于导线直径的3~6倍。

⑧ 用锤子柄部等木制工具对护套线进行敲平修整。

2. 护套线敷设的注意事项

① 护套线截面的选择　室内铜芯线不小于 1.0 mm²，铝芯线不小于 1.5 mm²；室外铜芯线不小于 1.5 mm²，铝芯线不小于 2.5 mm²。

② 护套线与接线盒或电气设备的连接　护套线进入接线盒或电器时，护套层必须随之进入。

③ 护套线的保护　敷设护套线不得不与接地体、发热管道接近或交叉时，应加强绝缘保护。容易机械损伤的部位，应穿钢管保护。护套线在空心楼板内敷设，可不用其他保护措施，但楼板孔内不应有积水和易损伤导线的杂物。

④ 对线路高度的要求　护套线敷设离地面的最小高度不应小于 500 mm，离地面高度低于 150 mm 的护套线，应加电线管进行保护。

4.1.3　塑料槽板配线

槽板布线导线不外露，比较美观，常用于用电量较小的屋内干燥场所，例如住宅、办公室等屋内布线。以前使用的木槽板布线现已不再使用。现在主要使用塑料线槽，用于干燥场合做永久性明线敷设，一般用于简易建筑或永久性建筑的附加线路。

1. 塑料线槽的规格

塑料线槽分为槽底和槽盖，施工时先把槽底用木螺钉固定在墙面上，放入导线后再把槽盖盖上。VXC-20 线槽尺寸为 20 mm×12.5 mm。塑料线槽安装示意图如图 4-16 所示。图中所标的各部位附件，如图 4-17 所示。

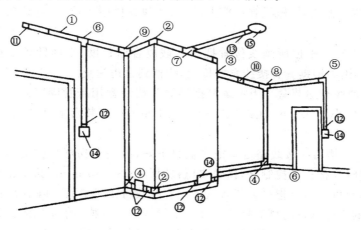

图 4-16　塑料线槽及附件安装示意图

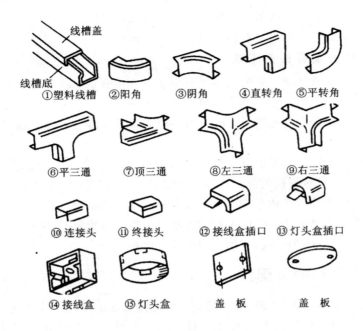

图 4-17 塑料线槽及附件

2. 塑料线槽的施工方法

① 定位画线　为了美观,线槽一般沿建筑物墙、柱、顶的边角处布置,要横平竖直。为了便于施工不能紧靠墙角,有时要有意识地避开不易打孔的混凝土梁、柱。位置定好后先画线,一般用粉袋弹线。由于线槽配线一般都是后加线路,施工过程中要保持墙面整洁。弹线时,横线弹在槽上沿,纵线弹在槽中央位置,这样安上线槽就把线挡住了。

② 槽底下料　根据所画线位置把槽底截成合适长度,平面转角处槽底要锯成45°斜角,下料用手钢锯。有接线盒的位置,线槽到盒边为止。

③ 固定槽底和明装盒　用木螺钉把槽底和明装盒用胀管固定好。槽底的固定点位置,直线段小于 0.5 m;短线段距两端 0.1 m。在明装盒下部适当位置开孔,准备进线用。

④ 下线、盖槽盖　按线路走向把槽盖料下好,由于在拐弯分支的地方都要加附件,槽盖下料时要把长度控制好,槽盖要压在附件下 8~10 mm。进盒的地方可以使用进盒插口,也可以直接把槽盖压入盒下。直线段对接时上面可以不加附件,接缝要接严。槽盖的接缝最好与槽底接缝错开。把导线放入线槽,槽内不准接线头,导线接头在接线盒内进行。放导线的同时把槽盖盖上,以免导线掉落。

⑤ 接线盒内接线和连接用电设备　剥开导线绝缘层,接好开关、插座、灯头、电器等,然后固定好。

⑥ 绝缘测量及通电试验　全面检查线路正确;用绝缘电阻表测量线路绝缘电阻

值,不小于 0.22 MΩ;通电。

3. 线槽内导线敷设要求

① 导线的规格和数量应符合设计规定;当设计无规定时,包括绝缘层在内的导线总截面积不应大于线槽截面积的 60%。

② 在可拆卸盖板的线槽内,包括绝缘层在内的导线接头处所有导线截面积之和,不应大于线槽截面积的 75%;在不易拆卸盖板的线槽内,导线的接头应置于线槽的接线盒内。

4.1.4 塑料 PVC 管配线

塑料 PVC 明敷线管用于环境条件不好的室内线路敷设,如潮湿场所、有粉尘的场所、有防爆要求的场所、工厂车间内不能做暗敷线路的场所。施工步骤是,先定位、画线、安放固定线管用的预埋件,如角铁架、胀管等;后下料、连接、固定、穿线等。前者与塑料线槽线、护套线布线基本相同。

1. PVC 塑料管明敷线管的固定

线管的固定可以用管卡、胀管、木螺钉直接固定在墙上,固定方法如图 4-18 所示。

支持点的布设位置如图 4-19 所示,明敷的线管是用管卡(俗称骑马)来支持的。单根管选用成品管卡,规格的标称方法与线管相同,故选用时必须与管子规格相匹配。

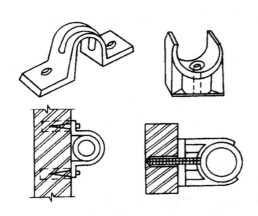

图 4-18 塑料管明敷设的固定方法

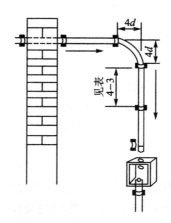

图 4-19 敷管方法及支持点布设位置

2. 支持点的布设位置要求

① 明敷管线在穿越墙壁或楼板前后应各装一个支持点,位置(装管卡点)距建筑面(穿越孔口)约 1.5~2.5 倍于所敷设管外径。

② 转角前后也应各装一个支持点,位置如图 4-19 所示(d 为所敷线管外径)。

③ 进出木台或配电箱也各应装一个支持点,位置与规程的第一条相同。
④ 硬塑料管直线段两支持点的间距如表4-2所列。

表4-2　明敷塑料管线支持点最大距离

线路走向	线管规格 d/mm		
	90及以下	25～40	50及以上
垂　直	1 000	1 500	2 000
水　平	800	1 200	1 500

3. 管卡的安装要求

管卡应用两只同规格木螺钉来固定,卡身中线必须与线路保持垂直。木螺钉应固定在木榫、膨胀管的中心部位;两只木螺钉尾部均应平服地把两卡压紧,切忌出现单边压紧,或歪斜不正等弊端。要达到上述要求,首先要木榫安装位置正确,而木榫安装质量又与标划定位和钻孔有关。这一系列工序都得道道把关,方能把管卡装好。若用膨胀管来支承木螺钉,则膨胀管安装质量要求更高,否则无法装好管卡。

4. PVC塑料管敷设方法

① 水平走向的线路宜自左至右逐段敷设,垂直走向的宜由下至上敷设。
② PVC管的弯曲不需加热,可以直接冷弯;为了防止弯瘪,弯管时在管内插入弯管弹簧,弯管后将弹簧拉出,弯管半径不宜过小,如需小半径转弯时可用定型的PVC弯管或三通管。在管中部弯时,将弹簧两端拴上铁丝,便于拉动。不同内径的管子配不同规格的弹簧。PVC管切割可以用手钢锯,也可以用专用剪管钳。
③ PVC管连接、转弯、分支可使用专用配套PVC管连接附件,如图4-20所示。连接时应采用插入连接,管口应平整、光滑,连接处结合面应涂专用胶合剂,套管长度宜为管外径的1.5～3倍。
④ 多管并列敷设的明设管线,管与管之间不得出现间隙;在线路转角处也要求达到管管相贴,顺弧共曲,故要求弯管加工时特别小心。
⑤ 在水平方向敷设的多管(管径不一的)并设线路,一般要求大规格线管置于下边,小规格线管安排在上边,依次排叠。多管并设的管卡,由施工人员按需自行制作,应制得大小得体,骑压着力,以能使管管平服为标准。
⑥ 装上接线盒。管口与接线盒连接,应由两只薄型螺母由内外拼紧盒壁。
⑦ 管口进入电源箱或控制箱(盒)时,管口应伸入10 mm;如果是钢制箱体,应用薄型螺母内外对拧并紧。在进入电源箱或控制箱(盒)前在近管口处的线管应作小幅度的折曲(俗称"定伸"),不应直线伸入,如图4-21所示。
⑧ PVC管敷设时应减少弯曲,当直线段长度超过15 m或直角弯超过3 h,应增设接线盒。

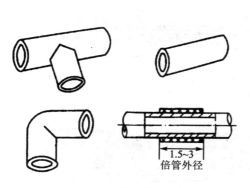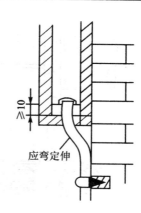

图 4-20 PVC 管连接专用附件　　　　图 4-21 管口入箱(盒)要求

5. 管内穿线

① 穿钢丝　使用 ϕ1.2(18号)或 ϕ1.6(16号)钢丝,将钢丝端头弯成小钩,从管口插入。由于管子中间有弯,穿入时钢丝要不断向一个方向转动,一边穿一边转,如果没有堵管,很快就能从另一端穿出。如果管内弯较多不易穿过,则从管另一端再穿入一根钢丝,当感觉到两根钢丝碰到一块时,两人从两端反方向转动两根钢丝,使两钢丝绞在一起,然后一拉一送,即可将钢丝穿过去,如图 4-22 所示。

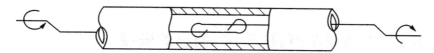

图 4-22 管两端穿钢丝示意图

② 带线　钢丝穿入管中后,就可以带导线了。一根管中导线根数多少不一,最少两根,多至五根,按设计所标的根数一次穿入。在钢丝上套入一个塑料护口,钢丝尾端做一死环套,将导线绝缘剥去 50 mm 左右,几根导线均穿入环套,线头弯回后用其中一根自缠绑扎,如图 4-23 所示。多根导线在拉入过程中,导线要排顺,不能有绞合,不能出死弯,一个人将钢丝向外拉,另一个人拿住导线向里送。导线拉过去后,留下足够的长度,把线头打开取下钢丝,线尾端也留下足够的长度剪断。一般留头长度为出盒 100 mm 左右,在施工中自己注意总结体会一下,要够长,以便于接线操作;又不能过长,否则接完头后盒内盘放不下。

有些导线要穿过一个接线盒到另一个接线盒,一般采取两种方法:一种是所有导线到中间接线盒后全部截断,再接着穿另一段,两段在接线盒内进行导线连接;另一种是穿到中间接线盒后继续向前穿,一直穿到下一个接线盒。两种做法第一种比较清晰,不易穿错线;第二种盒内接线少,占空间小,省导线。

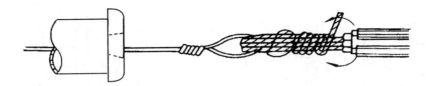

(a) 双根导线平齐绑法

(b) 多根导线错开绑法

图 4-23 引线头的缠绕绑法

6. 盒内接线及检查

盒内所有接线除了要用来接电器外,其余线头都要事先接好,并缠好绝缘;用绝缘电阻表测量线路绝缘电阻值,不小于 0.22 MΩ。

4.2 灯具、开关、插座的安装

4.2.1 常用照明灯具、开关、插座的安装

1. 常用照明灯具

常用的照明灯具主要有白炽灯和荧光灯两大类。

(1) 白炽灯灯具

1) 白炽灯泡　白炽灯是利用电流通过灯丝电阻的热效应将电能转换成光能和热能。灯泡由灯丝、玻璃和灯头三部分组成。灯泡的主要工作部分是灯丝,即由电阻率较高的钨丝制成。为了防止断裂,灯丝多绕成螺旋式。40 W 以下灯泡的内部抽成真空;40 W 以上的灯泡在内部抽成真空后充有少量氩气或氮气等惰性气体,以减少钨丝挥发,延长灯丝寿命。灯泡通电后,灯丝在高电阻作用下迅速发热发红,直到白炽程度而发光,白炽灯由此得名。白炽灯泡有卡口和螺口两种形式,其结构如图 4-24 所示。

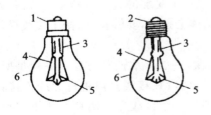

1—灯口灯头; 2—螺口灯头; 3—玻璃支架;
4—引线; 5—灯丝; 6—玻璃壳

图 4-24 白炽灯泡的结构

2) 白炽灯灯座　灯座又称为灯头,其作用是固定灯泡并供给电源。按固定灯泡的形式分为螺口灯座和卡口灯座两种;按

安装方式又分为吊式、平顶式和管式;按材质划分有胶木、瓷质和金属之分;按用途还可分普通型、防水型、安全型和多用型几种,可按使用场所进行选择。灯座外形如图 4-25 所示。

图 4-25　白炽灯灯座外形

(2) 荧光灯具

1) 荧光灯具的组成　荧光灯是应用较为普遍的一种照明灯具。它主要由灯管、镇流器、启辉器和灯架等部分组成。

① 灯管　灯管由一根直径为 15～40.5 mm 的玻璃管、灯丝和灯丝引出脚等组成。玻璃管内抽成真空后充入少量汞(水银)和氩等惰性气体,管壁涂有荧光粉,灯丝由钨丝制成,用以发射电子,其结构如图 4-26 所示。

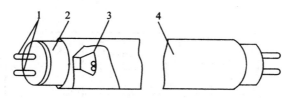

图 4-26　荧光灯管的结构
1—灯脚; 2—灯头; 3—灯丝; 4—玻璃管

常用灯管的功率有 6 W、8 W、12 W、15 W、20 W、30 W 和 40 W 等。

目前,国内厂家生产的彩色荧光灯有蓝色、绿色和粉红色等,主要用于舞厅、商场作为装饰灯。

② 镇流器　镇流器是具有铁芯的电感线圈,它有两个作用:在启动时与启辉器配合,产生瞬时高压点燃荧光灯管;在工作时利用串联在电路中的电感来限制灯管的电流,从而延长灯管的使用寿命。

镇流器有单线圈式和双线圈式两种,如图 4-27 所示。从外形上看,又分为封闭式、开启式和半开启式三种,图 4-27(a)所示是封闭式,图 4-27(b)所示是开启式。

镇流器的选用必须与灯管配套(否则会烧坏荧光灯),即灯管的功率必须与镇流器的功率相同,常用的有 6 W、8 W、15 W、30 W 和 40 W 等规格(电压均为 220 V)。

③ 电子镇流器　预热式电子镇流器是应用电子开关电路启动和点燃荧光灯的电子电路。

使用电子镇流器的荧光灯无 50 Hz 频闪效应,在环境温度 -25～40 ℃、电压

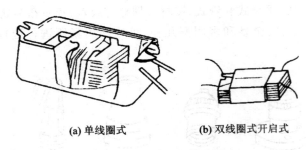

(a) 单线圈式　　　(b) 双线圈式开启式

图 4-27　荧光灯镇流器

130~240 V 时,经 3 s 预热便可一次快速启动荧光灯。启动时无火花,不需要启辉器和补偿电容器(功率因数为 0.9,电容性),可将灯管使用寿命延长 2 倍以上,而电子镇流器自身耗电 1 W 以下。

用高效电子开关产生高频电流点燃荧光灯(荧光灯工作频率是 30 kHz)可以提高发光效率。实验证明:对 40 W 荧光灯来说,电子镇流器只需供给 27 W 高频功率,就可以产生同等的光通量。即 40 W 荧光灯配用电子镇流器后,实际消耗的功率只有 28 W,比用电感式镇流器节省了 11 W,节电率约 27%。电子镇流器的电路如图 4-28 所示。

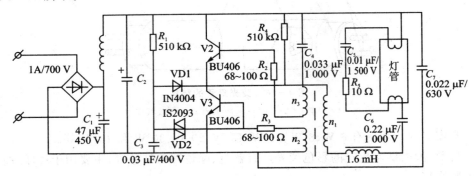

图 4-28　电子镇流器电路

使用电子镇流器的荧光灯接线图如图 4-29 所示,电子镇流器一般有 6 根引出线,其中 2 根与电源连接,另外 4 根分为两组接到灯管两边的灯丝上。

④ 启辉器　启辉器又称为启动器、跳泡。它由氖泡、纸介电容和铝外壳组成。氖泡内有一个固定的静触片和一个双金属片制成的倒 U 形动触片。双金属片由两种膨胀系数差别很大的金属薄片焊制而成。动触片与静触片平时分开,两者相距 1/2 mm 左右。启辉器的构造如图 4-30 所示。与氖泡并联的纸介电容容量在 5 000 pF 左右,它的作用有两个:一是与镇流器线圈组成 LC 振荡回路,能延长灯丝预热时间和维持脉冲放电;二是能吸收电磁波,减轻对收音机、录音机、电视机等电子设备的电磁干扰。如果电容被击穿,去掉后氖泡仍可使灯管正常发光,但失去吸收干扰杂波的作用。

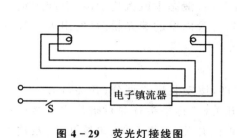

图 4-29　荧光灯接线图

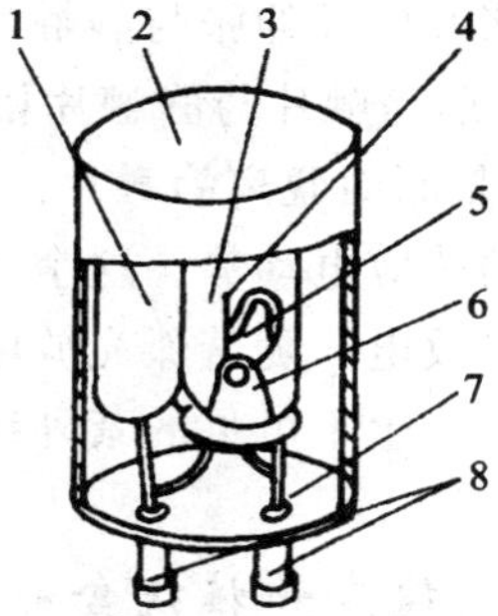

1—电容器；　2—铝壳；　3—玻璃泡；　4—静触片；
5—动触片；　6—涂铀化物；　7—绝缘底座；　8—插头

图 4-30　启辉器的构造

启辉器的规格有 4～8 W、15～20 W、30～40 W 以及通用型 4～40 W 等。

⑤ 灯座　一对绝缘灯座将荧光灯管支撑在灯架上，再用导线连接成具有荧光灯的完整电路。

灯座有开启式和插入弹簧式两种，如图 4-31 所示。开启式灯座还有大型和小型两种，6 W、8 W、12 W 等细灯管用小型灯座，15 W 以上的灯管用大型灯座。

⑥ 灯架　灯架用来固定灯座、灯管、启辉器等荧光灯零部件，有木制、铁皮制、铝制等几种。其规格是与灯管尺寸相配合，根据灯管数量和光照方向而选用。木制灯架一般用作散件自制组装的荧光灯具，而铁皮制灯架一般是厂家装好的套件荧光灯具，如图 4-32 所示。

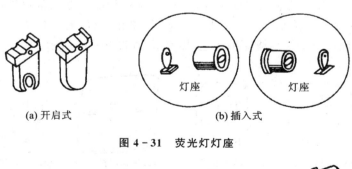

(a) 开启式　　(b) 插入式

图 4-31　荧光灯灯座

(a) 木　制　　(b) 铁皮制

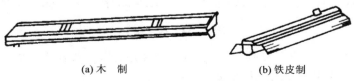

图 4-32　荧光灯架

2）荧光灯的工作原理　当荧光灯接通电源后，电源电压经过镇流器、灯丝，加在启辉器的 U 形动触片和静触片之间，引启辉光放电。放电时产生的热量使双金属 U

形动触片膨胀并向外伸张与静触片接触,接通电路后,使灯丝预热并发射电子。与此同时,由于U形动触片与静触片相接触,两片间电压为零而停止辉光放电,使U形动触片冷却,并复原而脱离静触片。在动触片断开瞬间,镇流器两端会产生一个比电源电压高得多的感应电动势。这个感应电动势加在灯管两端,使灯管内惰性气体被电离而引起弧光放电。随着弧光放电,灯管内温度升高,液态汞就汽化游离,引起汞蒸气弧光放电而产生不可见的紫外线。紫外线激发灯管内壁的荧光粉后,发出近似日光色的灯光。

2. 开关、插座和挂线盒的作用及类别

① 开关 开关是接通或断开照明灯具的器件,按安装形式划分,开关可分为明装式和暗装式两类:明装式有拉线开关和扳把开关(又称平头开关);暗装式有跷板式开关和触碰式开关。按结构划分开关可分为单极开关、三极开关、单控开关、双控开关以及旋转开关等。常用开关如图 4-33 所示。

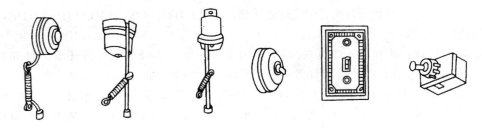

图 4-33 常用开关外形

② 插座 插座是为移动照明电器、家用电器和其他用电设备提供电源的元件,有明装和暗装之分。按基本结构分为单相双极、单相三极(有一极为保护接零)和三相四极(有一极为保护接零或保护接地)插座等,如图 4-34 所示。

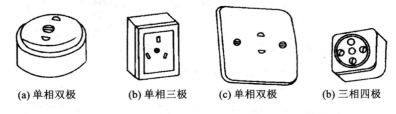

(a) 单相双极   (b) 单相三极   (c) 单相双极   (b) 三相四极

图 4-34 插 座

③ 挂线盒 挂线盒是悬挂吊灯或连接线路的元件,一般有塑料和瓷质两种。

3. 灯具、开关和插座的安装

(1) 一般要求

1) 灯具的安装高度,室外一般不低于 3 m,室内一般不低于 2.4 m。如遇特殊情况难以达到上述要求时,可采取相应的保护措施或改用 36 V 安全电压供电。

2) 室内照明开关一般安装在门边便于操作的位置上,拉线开关一般距离地面 2~3 m,跷板暗装开关一般距离地面 1.3 m,与门框的距离一般为 150~200 mm。

3) 明插座的安装高度一般应离距离地面 1.4 m,在托儿所、幼儿园、小学校等明插座一般应不低于 1.8 m;暗装插座一般应离距离地面 300 mm。同一场所安装插座的高度应保持一致,其高度相差一般应不大于 5 mm,几个插座成排安装高度差应不大于 2 mm。

(2) 白炽灯照明线路接线电路图

① 单联开关控制白炽灯　用一只单联开关控制一盏白炽灯的接线电路如图 4-35 所示。

② 双联开关控制白炽灯　用两只双联开关控制一盏白炽灯的接线电路如图 4-36 所示。

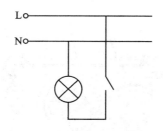

图 4-35　单联开关控制白炽灯

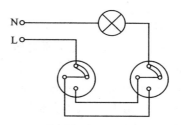

图 4-36　双联开关控制白炽灯

(3) 白炽灯、开关的安装步骤

① 圆木(木台)的安装　先加工圆木,在圆木表面上用电钻钻出三个孔,孔的大小应根据导线的截面积选择,一般为 $\phi 3 \sim 4$ mm。如果是护套线明配线,应在圆木正对护套线的一面锯出一个豁口,将护套线卡入圆木的豁口中,用木螺钉穿过圆木,并将其固定在预埋木桩上,如图 4-37 所示。

② 挂线盒的安装　塑料挂线盒的安装过程是先将圆木上的导线端部从挂线盒底座中穿出,用木螺钉紧固在圆木上,如图 4-38(a)所示。然后将伸出挂线盒底座的端部剥去 15~20 mm 的绝缘层,待弯成并接线圈后,分别压接在挂线盒的两个接线桩上。再根据灯

图 4-37　圆木(木台)的安装

具安装高度的要求,取一段塑料花线作为挂线盒与灯头之间的连接线,上端与挂线盒内的接线桩相连接;下端连接到灯头接线桩上,如图 4-38(b)所示。为了不使接线桩处承受灯具的重力,吊灯电源线在进入挂线盒盖后,在距离接线端头 40~50 mm 处打一个灯头扣,如图 4-38(c)所示。这个结扣正好卡在挂线盒孔里,承受着悬吊部分灯具的质量。

如果是瓷质挂线盒,应在距离上端头 60 mm 左右的地方打结,再将端部分别穿

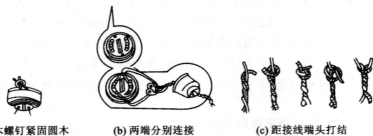

(a) 木螺钉紧固圆木　　(b) 两端分别连接　　(c) 距接线端头打结

图 4-38　挂线盒的安装

过挂线盒两棱上的小孔固定后,与穿出挂线盒底座的两根电源端部相连接,最后将接好的两根接线端分别弯入挂线盒底平面两侧。其余步骤的操作方法与塑料挂线盒的安装方法相同。

③ 灯座的安装

第一,平灯座的安装:平灯座上有两个接线柱,一个与电源的中性线(N)连接,另一个与来自开关的相线连接。接线柱本身制有螺纹,可压紧导线。插口平灯座上的两个接线柱可任意连接,而螺口平灯座的两个接线柱,必须把电源中性线(俗称零线)端部连接到通螺纹圈的接线柱上,把来自开关的连接线端部连接到通中心簧片的接线柱上,如图 4-39 所示。

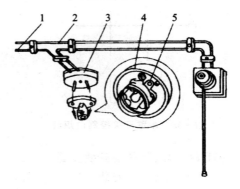

1—中性线;　2—相线;　3—圆木;
4—螺口灯座;　5—连接开关接线柱

图 4-39　螺口平灯座的安装

第二,吊灯座的安装:吊灯座必须用两根绞合塑料软导线或花线作为与挂线盒(接线盒)的连接线,具体安装步骤是:

a. 将导线两端的绝缘层削去,并把线芯绞紧,以便于接线。

b. 如图 4-40(a)所示,把上端导线穿入挂线盒中。并在盒罩孔内打个结,使其能承受吊灯的质量,此时应使罩盖 3 大口朝上,否则无法与底座 1 旋合。然后把上端两接线端分别穿入挂线盒底座 1 的两个侧孔里,再分别连接到两个接线柱上,最后旋上罩盖 3。

c. 如图 4-40(b)所示,将下端导线穿入吊灯座盖 4 的孔内并打结,然后把接线端分别接在灯头的两个接线柱上,并罩上灯头座盖即可。安装好的吊灯如图 4-40(c)所示,白炽灯的高度一般规定距离地面 2.5 m,也可以成人伸手向上碰不到为准,且灯头线不宜过长,也不应打结。

④ 开关的安装　开关有暗装开关和明装开关,暗装开关都是在施工前设计好的,只要使用前稍加修整即可。本处重点介绍明装开关。开关一定要安装在相线上,

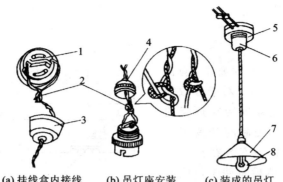

(a) 挂线盒内接线　　(b) 吊灯座安装　　(c) 装成的吊灯

1—挂线盒底座；　2—导线结；　3—挂线盒罩盖；　4—吊灯座盖；　5、6—挂线盒；　7—灯罩；　8—灯泡

图 4-40　吊灯座的安装

以便断开时,确保开关以下电路不带电。具体的安装步骤如下：

　　a. 根据需要先将导线端部的绝缘层进行剥削。

　　b. 单联开关一般都装在木台上并加以固定,所以木台制作要美观,固定要可靠,压线要合理。其操作方法是将一根相线和一开关线分别穿过木台两孔,再将木台固定在墙上。千万注意相线一定要进开关,同时将两根导线穿进开关的两个孔眼中,如图 4-41(a) 所示。

　　c. 用木螺钉将开关固定在木台上,并拧紧导线接头,装上开关盒,如图 4-41(b) 所示。

　　⑤ 开关的安装　插座一般是固定在木台上的,其安装方法和开关相似。但应注意的是,双极插座的左边极接零线,右边极接相线(面对插座看),即左"零"右"火"。三极插座中接地的接线柱必须与接地线相连接,切不可把零线柱头作为接地线,如图 4-42 所示。

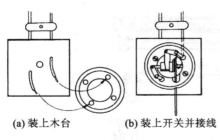

(a) 装上木台　　(b) 装上开关并接线

图 4-41　开关的安装

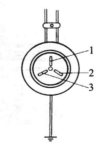

1—接地；　2—相线；　3—中性线

图 4-42　单相三极插座的安装

4. 荧光灯的安装

　　安装荧光灯时,先是根据电路图连接好电路,并组装灯具配件,通电试亮,然后在建筑物上进行固定,并与室内的控制电源线接通。组装灯具应检查灯管、镇流器、启

辉器、灯座等有无损坏，是否相互配套，然后按下列步骤进行安装。荧光灯电路图如图 4-43 所示。

(1) 准备灯架

根据荧光灯管长度的要求，购置或制作与之配套的灯架。对于分散控制的荧光灯，将镇流器安装在灯架的中间位置；对于集中控制的几盏荧光灯，几只镇流器应集中安装在控制点的一块配电板上。然后将两个灯座分别固定在灯架两端（启辉器座与灯座连为一体）。启辉器座是独立的，应装在灯架的另一端。灯座的中间距离要

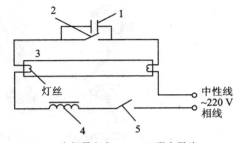

1—启辉器电容； 2—U 形金属片；
3—灯管； 4—镇流器； 5—开关

图 4-43 荧光灯电路图

按荧光灯长度量好，使灯管两端灯脚既能插进灯座插孔，又能有较紧的配合。各配件的位置固定完毕后，按电路图接线，只有灯座才是边接线边固定在灯架上。接完线后，应检查灯具的接线是否正确，有无漏接或错接。最后在地面上进行通电试灯，正确无误后再进行灯具的安装。

(2) 灯具的安装

荧光灯具的安装有悬吊式和吸顶式两种。悬吊式又分钢管悬吊和金属链条悬吊两种。安装前，先在设计的固定点打孔，并预埋合适的紧固件。然后将灯具固定在紧固件上。最后把启辉器旋入底座，装上荧光灯管、开关、熔断器，即可通电试用。安装的方法如图 4-44 所示。

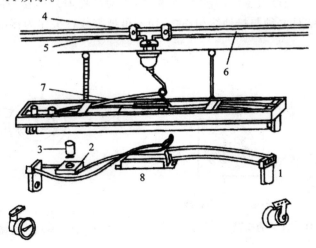

1—灯座； 2—启辉器座； 3—启辉器； 4—相线； 5—中性线；
6—与开关连接线； 7—灯架； 8—镇流器

图 4-44 灯具的安装

4.2.2 临时照明灯具和特殊用电场所照明装置的安装

1. 临时照明线路及灯具的安装

临时照明一般是指基建工地的照明,市政道路夜间的抢险照明,工厂里检修设备增加照明亮度所需的临时照明。临时照明是短期限照明,敷设的线路要求简单,安全性高;使用的灯具,应根据临时照明场所需要设置。

(1) 临时照明线路的安装要求

① 对临时线路应有一套严格的管理制度,并有专人负责。

② 因工作需要架设临时线路时,应由使用单位填写"临时线路安装申请单",经用电管理部门同意后方可架设。

③ 临时线路的使用期限一般不宜超过 3 个月,使用完毕后必须立即拆除。严禁在有爆炸、火灾危险场所架设临时线路。

④ 户内临时线路应采用四芯或三芯橡皮电缆软导线,线的长度一般不宜超过 10 m,离地高度不应低于 2.5 m。设备应采取保护接零或保护接地等安全措施。

⑤ 户外临时线路应采用绝缘良好的导线,其截面积应满足用电负载和机械强度的需要。应用电杆或沿墙用绝缘子固定架设,导线距离地面的高度不应低于 4.5 m,与道路交叉跨越时不应低于 6 m,严禁在树木或钢管上挂线。户外,临时线路应有总开关控制,各临时线路应有保护措施,开关、熔断器应有防雨措施。户外临时架空线的长度不得超过 500 m,与建筑物、树木间的距离不得小于 2 m。

图 4-45 导线中间接头的防拉断措施

⑥ 临时线路中导线的中间连接、终端与接线桩的连接均需采取防拉断措施。直线部分的中间接头也要采取防拉断措施,如图 4-45 所示。

(2) 临时照明灯具的安装要求

① 工地照明可由附近低压配电干线供电,接地线应从干线的电杆上分出支路,先进入主配电箱,再分给照明线路。若工地面积较大,照明灯具数量较多,应设置分电箱。

② 配电箱内的低压控制电器和保护电器应配备整齐,并设置防雨防尘装置。

③ 各支路的负载电流不应超过 15 A(较大工地可适当放宽到 30 A),而照明灯具不得超过 30 个,以防止一处短路造成大面积的停电。

④ 工作场地采用分路控制,但应使用双极开关,灯具离地高度不小于 2.5 m。

⑤ 露天灯采用防水灯头,灯头与干线连接的接点应错开 50 mm 以上。

⑥ 聚光灯、碘钨灯等高热灯具与易燃物的净距离一般不小于 500 mm,灯头与易燃物的净距离一般不小于 300 mm。

(3) 临时照明灯具的安装

临时照明灯具的安装方法与白炽灯的安装方法大体相同,但在安装时,一定要根据安装的场合,按临时灯具安装要求进行施工。

2. 特殊用电场所照明装置的安装

凡是潮湿、高温、可燃、易燃、易爆的场所,或有导电尘埃的空间和地面,以及具有化工腐蚀性气体的环境等,均称为特殊场所。

(1) 特别潮湿房屋内照明装置的安装

① 采用瓷绝缘子敷设导线时,应使用橡皮绝缘导线,导线相互间的距离应在 60 mm 以上,导线与建筑物间的距离应在 30 mm 以上。

② 采用电线管施工时,应使用厚电线管,穿口及管子连接处应采取防潮措施。

③ 开关、插座及熔断器等电器,不应装设在室内,如必须装在潮湿场所,应采取防潮措施。灯具应选用具有结晶水放出口的封闭式灯具,或带有防水灯口的敞口式灯具。

(2) 多尘房屋内照明装置的安装

① 采用瓷绝缘子敷设导线时,应使用橡皮绝缘导线,导线相互间的距离应在 60 mm 以上,导线和建筑物间的距离应在 30 mm 以上。

② 电线管敷设时,应在管口缠上胶布。

③ 开关、熔断器等电气设备,应采取防尘措施。灯具应采用封闭式,灯头采用不带开关的灯头。

(3) 有爆炸性危险场所照明装置的安装

① 配线方式一般采用钢管明敷或暗敷。

② 灯具应选用防爆灯和防爆开关,且灯具的接线盒接线后应进行密封处理。密封方法是用细棉绳在导线外面缠绕,要求绕到与管子内部接近时为止,管口处要填充沥青混合物密封填料。

为了防止产生静电火花,所有非导电的金属部分,都要可靠接地,且只能利用专用接地线。

在易燃易爆场所,禁止使用电钻、电焊机及各种开启式开关和熔断器等易产生电弧和火花的电器及设备。

4.3 照明线路综合实训

照明线路主要包括电源、连接导线、负载三部分。大容量照明负荷电源供电一般采用 380 V/220 V 的三相四线制形式;小容量则采用 220 V 单相电源。动力线路的敷设分室外高压架空线路(由电杆、横担、绝缘子及导线组成)和室内低压配线(由导线、导线支持物和用电器组成)。低压配线的主要方式有槽板配线、护套线配线、线管配线和绝缘子配线。通过对照明电路安装训练,来掌握照明及动力线路的基本知识、敷设和检修技术。

4.3.1 实训一 电度表的安装及使用

1. 实训目的

通过对单相有功电度表的安装训练,来了解住宅照明电路的电计量、配电装置的基本原理及安装技能。

2. 准备器材

单向电表、刀开关、负载(白炽灯)和导线等。

3. 按电气原理图及配线安装图在木制安装板上安装线路

(1) 单相电度表的工作原理

单相电度表属感应式仪表,由驱动元件(电压线圈、电流线圈)、转动元件(铝盘)、制动元件(制动磁铁)和计数器等元件组成如图4-46所示。接入线路后,电压线圈与负载并联,电流线圈与负载串联,线圈载流回路产生的磁通与这些磁通在铝盘上感应出的电流相互作用,产生转动力矩;同时制动磁铁与转动的铝盘也相互作用,产生制动力矩。当两力矩平衡时,铝盘以稳定的速度转动,从而带动计数器完成负载的耗电计量。

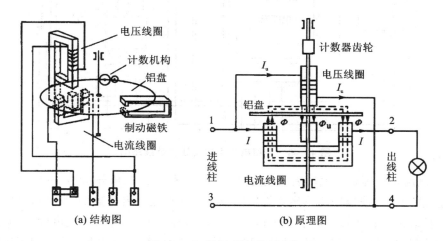

图4-46 单相感应式电度表

(2) 电度表接线方式

单相有四个接线柱,自左向右1、2、3、4编号,有两种接线方式,一种是中国标准产品用的跳入式接线方式:1、3接进线(电源线路),2、4接出线(负载线路);另一种是顺入式接线方式:1、2进线,3、4接出线,如图4-47所示。辨认电度表接线方式的一种方法是根据电度表接线盒盖板背面或说明书中的接线原理图确定;另一种方法是用万用表R×100挡测电度表1、2接线柱间的阻值,阻值较小,则1、3是进线端;若阻值较大(约 1 000 Ω),则 1、2 为进线端。

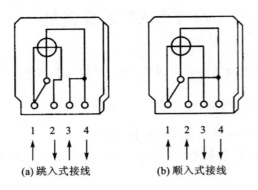

图 4-47 电度表接线方式

(3) 单相电度表安装

按照单相电度表的配线安装线路图安装线路,如图 4-48 所示。

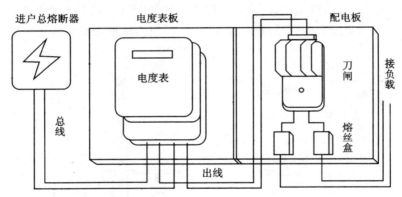

图 4-48 单相电度表的配线安装线路图

① 电度表的固定　电度表的表身固定用三只螺钉以三角分布的方位,将木制表板固定在实验台(或墙壁)上,注意螺钉的位置应选在能被表身盖没的区域,以形成拆板应先拆表的操作程序。将表身上端的一只螺钉拧入表板,然后挂上电度表,调整电度表的位置,使其侧面和表面分别与墙面和地面垂直,然后将表身下端拧上螺钉,再稍作调整后完全拧紧。

② 电度表总线的连接　电度表总线是指从进户总熔断器盒至电度表这段导线,应满足以下技术要求:总线应采用截面不小于 1.5 mm² 的铜芯硬导线,必须明敷在表的左侧,且线路中不准有接头。进户总熔断器盒的主要作用是电度表后各级保护装置失效时,能有效地切断电源,防止故障扩大。它由熔断器、接线桥和封闭盒组成。接线时,中线接接线桥;相线接熔断器。

第 4 章　常用室内配线方式及照明电路的安装

③ 电度表出线的连接　电度表的出线敷设在表的右侧(其他要求与总线相同)，与配图总配电板由总开关和总熔丝组成。主要作用是：在电路发生故障或维修时能有效地切断电源。

4. 检查线路、通电试验

把电度表线路接上适当的单相负载(如白炽灯箱)，再接上 220 V 单相交流电源整个线路，确认无误后合闸通电，观察电度表的工作情况。

① 改变负载的大小，观察铝盘转速情况。

② 改变电度表的倾斜角度，观察铝盘转速情况。

5. 操作要点

① 选用电度表的额定电流应大于室内所有用电器的总电量。

② 电度表接线的基本方法为电压线圈与负载并联、电流线圈与负载串联。

③ 电度表本身应装得平直，纵横方向均不应发生倾斜。

④ 电度表总线在左、出线在右，不得装反，不得穿入同一管内。

⑤ 刀开关不许倒装。

6. 成绩评定

实训的成绩评定如表 4-3 所列。

表 4-3　实训一成绩评定

项　目	技术要求	配分	扣分标准	得分
原理	电度表接线原理正确	20	电度表接线原理不正确 扣 0~20 分	
布局	线路布局合理	10	线路布局不合理 扣 0~10 分	
安装	电度表固定牢固、平直， 总线、出线安装符合要求 进户总熔丝盒接线正确 配电盘安装符合要求 电源、负载安装合理	20 20 10 10 10	电度表固定不牢固、平直扣 0~20 分 总线出线安装不符合要求 扣 0~20 分 进户总熔丝盒接线不正确 扣 10 分 分配电盘安装不符合要求 扣 10 分 电源、负载安装不合理 扣 10 分	
其他	安全文明操作出勤		违反安全文明操作、损坏工具仪器、 缺勤等扣 20~50 分	
总　分				

4.3.2　实训二　护套线照明线路的安装

1. 实训目的

通过室内照明电路的安装，掌握护套线照明线路安装的基本技能，从而了解照明及动力线路敷设的一般方法。

2. 准备器材

开关、荧光灯(白炽灯)、护套线、插座等。

3. 按电气原理图及配线安装图安装线路

(1) 室内照明电路工作原理

室内照明电路工作原理如图 4-49 所示，每盏灯由开关单独控制，再和插座一起并联在 220 V 单相电源上，灯丝流过电流，受热辐射发光。

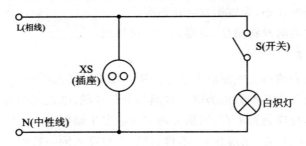

图 4-49 白炽灯照明电路工作原理图

(2) 安装线路

按护套线照明电路配线安装图安装，如图 4-50 所示。

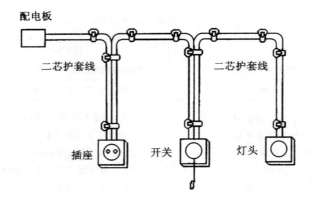

图 4-50 护套线照明电路配线安装示意图

① 定位画线 先确定线路的走向和各种电器的安装位置；然后用粉线袋画线，画出固定铝线卡的位置，直线部分每隔 150~300 mm，其他情况取 50~100 mm。

② 固定铝线卡 铝线卡的形状有小铁钉固定和用黏接剂固定两种，如图 4-51(a)所示。其规格分为 0、1、2、3、4 号，号码越大，长度越大。选用适当规格的铝线卡，在线路的固定点上用铁钉将线卡钉牢。

③ 敷设护套线 为了使护套线敷设的平直，在直线部分要将护套线收紧并勒直，然后依次置于铝线卡中的钉孔位置上，然后铝线卡收紧夹持住护套线，如图 4-51(b)所示。线路敷设完后，可用一根平直的木条靠拢线路，使导线平直。

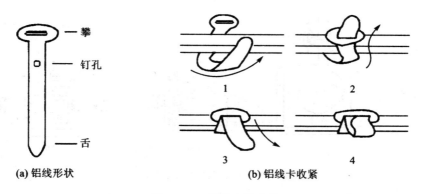

图 4-51　铝线卡的安装

护套线另一种常见的固定方法是采用水泥钢钉护套线夹将护套线直接钉牢在建筑物表面,如图 4-52 所示。

图 4-52　水泥钢钉护套线夹

④ 安装木台　敷设时,应先固定好护套线,再安装木台,木台进线的一边应按护套线所需的横截面开出进线缺口。护套线伸入木台 10 mm 后可剥去护套层。安装木台的木螺丝,不可触及内部的电线,不得暴露在木台的正面。

⑤ 安装用电器　将开关、灯头、插座安装在木台上,并连接导线。

4. 查线路、通电实验

检查整个线路无误后,接上 220 V 单相电源通电实验并观察电路工作情况。

5. 操作要点

① 室内使用的护套线其截面规定:铜芯不得小于 1 mm^2,铝芯不得小于 1.5 mm^2。

② 护套线线路敷设要求整齐美观,导线必须敷得横平竖直,几根护套线平行敷设时,应敷设得紧密,线与线之间不得有明显空隙。

③ 在护套线线路上,不可采用线与线直接连接方式,而应采用接线盒或借用其他电器装置的接线端子来连接导线,如图 4-53 所示。

④ 护套线路特殊的位置,如转弯处、交叉处和进入木台前,均应加铝线卡固定。转弯处护套线不应弯成死角,以免损伤线芯,通常弯曲半径应大于导线外径的六倍。

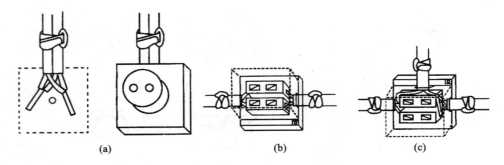

图 4-53 护套线线头的连接方法

⑤ 安装电器时,开关要接在火线上,开关 2 的火线要从开关 1 的入端引出;灯头的顶端接线柱应接在火线上;插座两孔应处于水平位置,相线接右孔,中性线接左孔。

⑥ 对于铝包护套线,必须把整个线路的铅包层连成一体,并进行可靠的接地。

6. 成绩评定

实训二的成绩评定如表 4-4 所列。

表 4-4 实训二成绩评定

项 目	技术要求	配分	扣分标准	得分
导线选用	能够根据负载情况选择适当的导线	10 分	导线选择不当 扣 0~10 分	
原 理	原理正确	20 分	原理错误 扣 0~20 分	
线路安装	布局合理	10 分	布局不合理 扣 0~10 分	
	铝线卡安装合理	10 分	铝线卡安装不合理 扣 0~10 分	
	线路平直、美观	10 分	线路不平直、美观 扣 0~10 分	
	线路接头连接合理	10 分	分线路接头连接不合理扣 0~10 分	
	木台安装正确	10 分	木台安装不正确 扣 0~10 分	
	用电器安装正确	20 分	用电器安装不正确 扣 0~20 分	
其 他	安全文明操作 出 勤		违反安全文明操作、损坏工具仪器、缺勤等扣 20~50 分	
总 分				

4.3.3 实训三 线管照明线路的安装

1. 实训目的

实训中,照明线路采用硬塑料管明管敷设,来掌握线管照明线路安装的基本知识和技能。

2. 准备器材

刀开关、白炽灯、双联开关(又称三线开关)、线管(硬塑料管)和导线等。

3. 按电气原理图及配线安装图在木制安装板上安装线路

(1) 线路工作原理

如图 4-54 所示,照明电路是由一灯两开关组成的两地控制照明电路,通常用于楼道上下或走廊两端控制的照明,电路必须选用双联开关。电路的接线方法(常用的电源单线进开关接法)为:电源相线接一个双联开关的动触点接线柱,另一个开关的动触点接线柱通过开关来回线与灯座相连,两只双联开关静触点间用两根导线分别连通,就构成了两地控制照明电路。

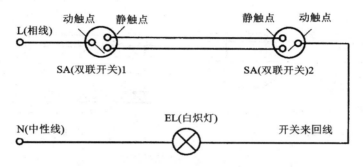

图 4-54 两地控制照明工作原理

(2) 按照线管配线安装图安装两地控制灯线路

两地控制灯线路如图 4-55 所示。

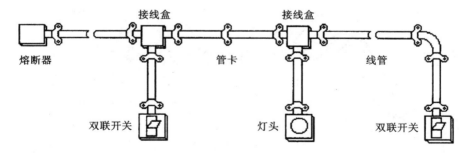

图 4-55 两地控制灯线管配线安装图

将绝缘导线穿在管内敷设,称为线管配线。具有耐潮、耐腐、导线不易受机械损伤等优点。管配线分明管配线和暗管配线两种,所使用的线管有钢管和塑料管两大类。硬塑料管是照明线路敷设最常用的线管,具有易弯曲、锯断和成本低等优点。

① 线管的落料 根据线路走向及用电器安装位置,确定接线盒的位置,然后以两个接线盒为一个线段,根据线路弯转情况,决定几个线管接成一个线段,并确定弯曲部位,最后按需要长度锯管。

② 线管的弯曲　硬塑料管弯曲有直接加热弯曲法（φ20 mm 以下）和灌沙加热弯曲法（φ25 mm 以上）两种。实训时采用直接加热弯曲法：将弯曲部分（管内最好置入弯管器）在热源上均匀加热，待管子软化，趁热在木模上弯成需要的角度。线管弯曲的曲率半径应大于或等于线管外径的四倍。

③ 线管的连接　线管的连接有烘热直接插接（φ50 mm 以下）和模具胀管插接（φ65 mm 以上）两种方法。实训时采用烘热直接插接法，如图 4-56 所示：将管口倒角（外管导内角、内管导外角）后，除去插接段油污，将外管接管处用喷灯或电炉加热，使其软化，在内管插入段外面涂上胶合剂，迅速插入外管，待内外管中心线一致，立即用湿布冷却，使其尽快恢复原来硬度。

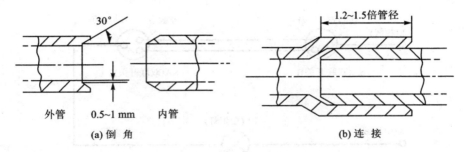

图 4-56　烘热直接插接法

④ 线管的固定　线管应水平或垂直敷设，并用管卡固定，如图 4-57 所示。两管卡间距应大于表 4-5 的规定。当线管进入开关、灯头、插座或接线盒前 300 mm 处和线管弯头两边外管均需用管卡固定。

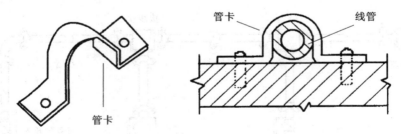

图 4-57　管卡固定

表 4-5　明敷硬塑料管管卡间最大距离

敷设方向	硬塑料管标称直径		
	20 mm 以下	25～40 mm	50 mm 以上
垂　直	1.0	1.5	2.0
水　平	0.8	1.2	1.5

第4章 常用室内配线方式及照明电路的安装

⑤ 线管的穿线 当线管较短且弯头较少时,把钢丝引线由一端送向另一端;如线管较长可在线管两端同时穿入钢丝引线,引线端应弯成小钩;当钢丝引线在管中相遇时,用手转动引线,使其钩在一起,用一根引线钩出另一根引线。多根导线穿入同一线管时应先勒直导线并剥出线头,在导线两端标出同一根的记号,把导线绑在引环上,如图4-58(a)所示。导线穿入管前先套上护圈,再洒些滑石粉,然后一个人在一端往管内送,另一人在另一端慢慢拉出引线,如图4-58(b)所示。

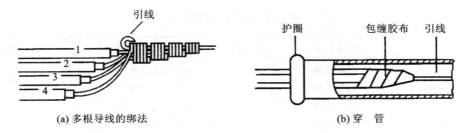

(a) 多根导线的绑法　　　　　　　　(b) 穿 管

图 4-58 线管的穿线

⑥ 线管与塑料接线盒的连接 线管与塑料接线盒的连接应使用胀扎管头固定,如图4-59所示。

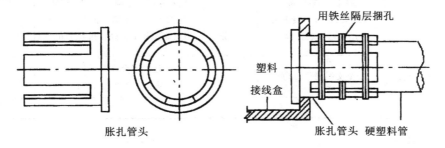

图 4-59 线管与塑料接线盒的连接

⑦ 安装木台 木台是安装开关、灯座、插座等照明设备的基座。安装时,木台先开出进线口,穿入导线,用木螺钉钉好。

⑧ 安装用电器 在木台上安装插座、开关、天棚盒,连接好导线,接上白炽灯。

注意:双联开关1的动触点接相线,双联开关2的动触点接开关来回线。

4. 查线路、通电实验

检查整个线路无误后,接上220 V单相电源通电实验,观察电路工作情况。

5. 操作要点

① 明敷用的塑料管,管壁厚度不小于2 mm。导线最小截面积:铜芯不得小于1 mm^2,铝芯不得小于2.5 mm^2。导线绝缘强度不应低于交流500 V。

② 穿管导线截面积(包括绝缘层面积)总和不应超过管内截面积的40%。穿线时,同一管内的导线必须同时穿入。管内不许穿入绝缘破损后经过绝缘胶布包缠的

导线。

③ 线管配线应尽可能减少转角和弯曲。

④ 两个线头间距离应符合以下要求：无弯曲的直线管路，不超过 45 m；有一个弯时不超过 30 m；有两个弯时不超过 20 m；有三个弯时不超过 12 m。

6. 成绩评定

实训三的成绩评定如表 4-6 所列。

表 4-6 实训三成绩评定

项 目	技术要求	配 分	扣分标准	得 分
线管 导线 选择	线管、导线 选择合理 布局合理	20分	线管选择不合理　扣 0~10 分 导线选择不合理　扣 0~10 分 布局不合理　扣 0~10 分	
原 理	原理正确	20分	原理不正确　扣 0~20 分	
线路安装	线管落料合理 线管弯曲正确 线管连接正确 线管穿线正确 接线盒、木台安装正确 用电器安装正确	10分 10分 10分 10分 10分 10分	线管落料不合理　扣 0~10 分 线管弯曲不正确　扣 0~10 分 线管连接不正确　扣 0~10 分 线管穿线不正确　扣 0~10 分 盒、台安装不正确　扣 0~10 分 用电器安装不正确　扣 0~10 分	
其 他	安全文明操作、出勤		违反安全文明操作 缺勤　扣 20~50 分	
总 分				

4.3.4　实训四　荧光灯电路的安装

1. 实训目的

掌握荧光灯线路的工作原理；熟悉荧光灯线路安装的基本技能。

2. 准备器材

荧光灯管、单线圈镇流器、双线圈镇流器、开关、启辉器、启辉器座、座、导线等。

3. 按电气原理图及配线安装图安装线路

荧光灯常用电路如图 4-60 所示。

(1) 单线圈式单管电路的安装

照明线路安装前，检查灯管、镇流器、启辉器有无损坏，镇流器和启辉器是否与灯管功率相匹配（主要是指镇流器和灯管的标识功率必须一致）。

① 首先，根据荧光灯管的长度制作一个木灯架或金属灯架。

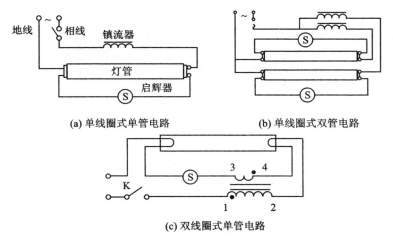

图 4-60　荧光灯常用电路

灯架一般用木料制成,也有用铁皮、铝皮制成的。它用来装置灯座、灯管、启辉器座和镇流器等零部件。长度比灯管稍长,并用白色油漆涂刷,以增强光线的反射作用,如图 4-61 所示。

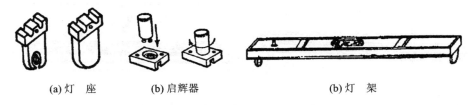

图 4-61　荧光灯的安装

② 将启辉器底座用螺丝固定在灯架一端,其两个接线柱分别与两个灯座的各一个接线柱相连。

③ 将镇流器用螺钉固定在灯架的中间位置,两个灯座分别固定在灯架的两端。两个灯座中间距离要按所用灯管长度量好,使灯管的灯脚刚好插进灯座的插孔中。一个灯座余下的一个接线柱与电源的中性线连接,另一个灯座中余下的一个接线柱与镇流器的一个线头连接,如图 4-62 所示;镇流器另一个线头与开关的一个线头连接,而开关的另一个接线柱与电源的相线连接。一定注意开关要控制电源的相线。单线圈荧光灯镇流器如图 4-63(a)所示,图(b)为双线圈式荧光灯镇流器原理图。

④ 最后安装灯架。安装方式一般有吸顶式和软线悬吊式两种,如图 4-64 所示。安装前要在准备安装荧光灯的地方预埋木枕或膨胀螺钉,以便固定灯架或固定悬吊灯架的挂钩。

完成上面几项工作后,再把启辉器装入启辉器底座,荧光灯管装入灯座,就可以工作了。

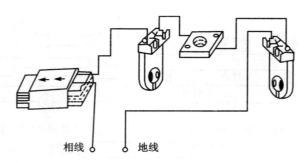

图 4-62　荧光灯接线图

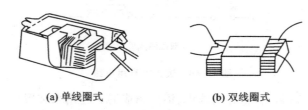

(a) 单线圈式　　　　(b) 双线圈式

图 4-63　荧光灯镇流器

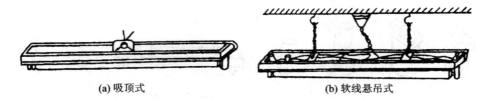

(a) 吸顶式　　　　　　(b) 软线悬吊式

图 4-64　荧光灯的悬挂方式

单线圈式双管电路的安装参照图 4-60(b)，安装要求与单线圈式单管电路的安装要求一样。

(2) 双线圈式镇流器荧光灯的安装

双线圈式镇流器如图 4-63(b)所示。在使用时要注意区分主线圈和副线圈。区分的方法是：

用万用表检测两个线圈的冷态直流电阻，6~8 W 镇流器主线圈电阻为 150 Ω 左右，副线圈电阻为 10 Ω 左右；15~20 W 主线圈电阻为 30 Ω 左右，副线圈电阻为 2 Ω 左右。

双线圈镇流器荧光灯的安装要求基本和单线圈式镇流器荧光灯的安装要求一样。

4．检查线路、通电试验

把荧光灯线路接上 220 V 单相交流电源，检查整个线路，确认无误后合闸通电，观察荧光灯的工作情况。

5. 操作要点

① 安装 220 V 电压的荧光灯照明灯具时，室内安装高度不应低于 2.4 m，低于此高度应有保护措施或使用安全电压。

② 接线完毕后要对照电路图详细检查，防止错接、漏接。

③ 镇流器和启辉器与灯管功率一定要相互匹配（主要是指镇流器和灯管的标识功率必须一致），否则会出现灯管无法正常启动等故障。

6. 记录作业

安装完一盏完整的荧光灯，并将有关数据记入表 4-7 中。

表 4-7 荧光灯安装数据记录表

灯管				镇流器			灯架			安装位置	
功率/W	长度/cm	直径/mm	灯丝电阻/Ω	功率/W	工作电压/V	电阻/Ω	长度/cm	宽度/cm	厚度/mm	灯座间距/cm	灯具高度/m

4.4 思考与练习

1. 在单相照明电路中，若用低压验电器测得的相线、零线均发光，试分析原因？
2. 室内配线有哪些方式，各适用什么场合？
3. 护套线的截面积如何选用？
4. 护套线敷线时注意哪些事项？
5. 护套线施工步骤有哪些？
6. 简述荧光灯的工作原理？
7. 画出荧光灯的接线图？
8. 并联在氖泡上的电容有什么作用？
9. 在安装灯具线路时，为什么要采用相线进开关和零线进灯头的做法？

第 5 章　常用低压电器

5.1　低压电器概述

低压电器通常是指工作在 1 000 V 以下的电力线路中起保护、控制或调节等作用的电器设备。低压配电电器主要用于低压配电系统中,要求工作可靠,在系统发生异常情况下动作准确,并有足够的热稳定性和动稳定性。低压控制电器主要用于电力传动系统中,要求使用寿命长,体积小,质量轻,工作可靠。低压电器的种类繁多,用途很广,但就其用途或所控制的对象可分为低压配电电器和低压控制电器两大类。

5.1.1　电器的定义和分类

1. 电器的定义

凡是对电能的生产输送、分配和使用起控制、调节、检测、转换及保护作用的器件均称为电器。

2. 电器的分类

电器的用途广泛,种类繁多,构造各异,功能多样。通常可按以下分类:

(1) 按工作电压分类

1) 低压电器是指工作电压在交流 1 000 V、直流 1 200 V 以下的电器。低压电器常用于低压供配电系统和机电设备自动控制系统中,实现电路的保护、控制、检测和转换等。例如,各种刀开关、按钮、继电器、接触器等。

2) 高压电器是指工作电压在交流 1 000 V、直流 1 200 V 以上的电器。高压电器常用于高压供配电电路中,实现电路的保护和控制等。例如,高压断路器、高压熔断器等。

(2) 按动作方式分类

1) 手动电器:这类电器的动作是由工作人员手动操纵的,例如刀开关、组合开关及按钮等。

2) 自动电器:这类电器是按照操作指令或参量变化信号自动动作的。例如,接触器、继电器、熔断器和行程开关等。

(3) 按作用分类

1) 执行电器是用来完成某种动作或传递功率。例如,电磁铁、电磁离合器等。

2) 控制电器是用来控制电路的通断。例如,开关、继电器等。

3) 主令电器是用来控制其他自动电器的动作,以发出控制"指令"。例如,按钮、行程开关等。

4) 保护电器是用来保护电源、电路及用电设备,使它们不致在短路、过负荷等状态下运行遭到损坏。例如,熔断器、热继电器等。

(4) 按工作环境分类

1) 一般用途的低压电器是用于海拔高度不超过 2 000 m,周围环境温度在 $-25\ ℃\sim40\ ℃$,空气相对湿度为 90%,安装倾斜度不大于 5°,无爆炸危险的介质及无显著摇动和冲击振动的场合。

2) 特殊用途的电器是在特殊环境和工作条件下使用的各类低压电器,通常是在一般用途的低压电器基础上派生而成,如防爆电器、船舶电器、化工电器、热带电器、高原电器以及牵引电器等。

5.1.2 低压电器结构的基本特点

低压电器在结构上种类繁多,且没有固定的结构形式。因此,在讨论各种低压电器的结构时显得较为繁琐。但是从低压电器各组成部分的作用上去理解,低压电器一般有三个基本组成部分:感受部分、执行部分和灭弧机构。

1. 感受部分

用来感受外界信号并根据外界信号作特定的反应或动作。不同的电器,感受部分结构不一样。对手动电器来说,操作手柄就是感受部分;而对电磁式电器而言,感受部分一般指电磁机构。

2. 执行部分

根据感受机构的指令,对电路进行"通断"操作。对电路实行"通断"控制的工作由触点来完成,所以,执行部分一般是指电器的触点。

3. 灭弧机构

触点在一定条件下断开电流时往往伴随有电弧或火花。电弧或火花对断开电流的时间和触点的使用寿命都有极大的影响,特别是电弧,必须及时熄灭。用于熄灭电弧的机构称为灭弧机构。

从某种意义上说,可以将低压电器定义为:根据外界信号的规律(有无或大小等),实现电路通断的一种"开关"。

5.1.3 低压电器的主要性能参数

低压电器种类繁多,控制对象的性质和要求也不一样。为正确、合理、经济地使用电器,每一种电器都有一套用于衡量电器性能的技术指标。电器主要的技术参数有额定绝缘电压、额定工作电压、额定发热电流、额定工作电流、通断能力、电器寿命和机械寿命等。

1. 额定绝缘电压

这是一个由电器结构、材料、耐压等因素决定的名义电压值。额定绝缘电压为电器最大的额定工作电压。

2. 额定工作电压

低压电器在规定条件下长期工作时,能保证电器正常工作的电压值。通常是指主触点的额定电压。有电磁机构的控制电器还规定了吸引线圈的额定电压。

3. 额定发热电流

在规定条件下,低压电器长时间工作,各部分的温度不超过极限值时所能承受的最大电流值。

4. 额定工作电流

额定工作电流是保证低压电器在正常工作时的电流值。相同电器在不同的使用条件下,有不同的额定电流等级。

5. 通断能力

低压电器在规定的条件下,能可靠接通和分断的最大电流为通断能力。通断能力与电器的额定电压、负荷性质、灭弧方法等有很大关系。

6. 电气寿命

低压电器在规定条件下,在不需修理或更换零件时的负荷操作循环次数。

7. 机械寿命

低压电器在需要修理或更换机械零件前所能承受的负荷操作次数。

5.2 常用低压电器

5.2.1 刀开关

刀开关又称闸刀开关,是结构最简单、应用最广泛的一种手动电器。适用于频率为 50 Hz 或 60 Hz、额定电压为 380 V(直流为 440 V)、额定电流在 150 A 以下的配电装置中,主要作为电气照明电路、电热回路的控制开关,也可做分支电路的配电开关,具有短路或过负荷保护功能。在降低容量的情况下,还可作为小容量(功率在 5.5 kW 及以下)动力电路不频繁启动的控制开关。在低压电路中,刀开关常用作电源引入开关,也可用于不频繁接通的小容量电动机或局部照明电路的控制开关。

1. 刀开关结构

刀开关主要由手柄、熔丝、静触点(触点座)、动触点(触刀片)、瓷底座和胶盖组成。胶盖使电弧不致飞出灼伤操作人员,并防止极间电弧短路;熔丝对电路起短路保护作用。

常用的刀开关有开启式负荷开关和半封闭式负荷开关。

(1) 开启式负荷开关

开启式负荷开关又名瓷底胶盖闸刀开关。它由刀开关和熔断器组合而成。瓷质底座上装有静触点、熔丝接头、瓷质手柄等,并有上、下胶盖,其结构如图 5-1(a)所示,电气符号如图 5-1(b)所示(三级式多一组动、静触点)。这种开关易被电弧烧坏,因此不宜带负荷接通或分断电路;但其结构简单,价格低廉,安装使用维修方便,常用作照明电路的电源开关,也用于 5.5 kW 以下三相异步电动机不频繁启动和停止的控制。在拉闸与合闸时动作要迅速,以利于迅速灭弧,减少刀片和触座的灼损。具有结构简单、价格便宜、是一种结构简单而应用广泛的电器。

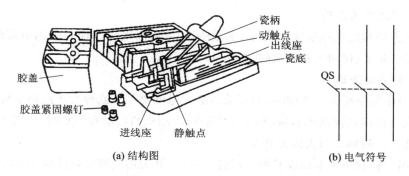

图 5-1 刀开关

(2) 半封闭式负荷开关

半封闭式负荷开关又名铁壳开关。它由刀开关、熔断器、灭弧装置、操作机构和钢板(或铸铁)做成的外壳构成。这种开关的操作机构中,在手柄转轴与底座间装有速动弹簧,使刀开关的接通和断开速度与手柄操作速度无关,这样有利于迅速灭弧。为了保证用电安全,装有机械联锁装置,必须将壳盖闭合后,手柄才能(向上)合闸;只有当手柄(向下)拉闸后,壳盖才能打开,其结构如图 5-2 所示。

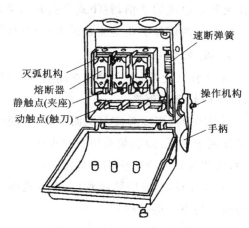

图 5-2 铁壳开关结构图

2. 刀开关的主要技术参数和型号含义

① 额定电压 是指刀开关长期工作时能承受的最大电压。
② 额定电流 是指刀开关在合闸位置时允许长期通过的最大电流。
③ 分断电流能力 是指刀开关在额定电压下能可靠分断最大电流的能力。
④ 型号含义 负荷开关可分为二极和三极两种,二极式额定电压为 250 V,三

极式额定电压为 500 V。常用刀开关的型号为 HK 和 HH 系列,其型号含义如下:

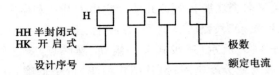

例如:HK1-30/20,其含义是:"HK"表示开关类型为开启式负荷开关,"1"表示设计序号,"30"表示额定电流为 30 A,"2"表示单相,"0"表示不带灭弧罩。

3. 刀开关选用

(1) 额定电压选用

刀开关的额定电压要大于或等于线路实际的最高电压。控制单相负荷时,选用 250 V 二极开关;控制三相负荷时,选用 500 V 三极开关。

(2) 额定电流选用

1) 当作为隔离开关使用时,刀开关的额定电流要等于或稍大于线路实际的工作电流。当直接用其控制小容量(小于 5.5 kW)电动机的启动和停止时,则需要选择电流容量比电动机额定值大的刀开关。

2) 用于控制照明电路或其他电阻性负荷时,开关熔丝额定电流应不小于各负荷额定电流之和。若控制电动机或其他电感性负荷时,开启式负荷开关的额定电流为电动机额定电流的 3 倍,封闭式负荷开关额定电流可选电动机额定电流的 1.5 倍左右。其开关的熔丝额定电流是最大一台电动机额定电流的 2.5 倍。

4. 安装方法

1) 选择开关前,应注意检查动刀片对静触点接触是否良好,是否同步。如有问题,应予以修理或更换。

2) 安装时,瓷底板应与地面垂直,手柄向上推为合闸,不得倒装和平装。因为闸刀正装便于灭弧;而倒装或横装时灭弧比较困难,易烧坏触点;再则因刀片的自重或振动,可能导致误合闸而引发危险。

3) 接线时,螺钉应紧固到位,电源进线必须接闸刀上方的静触点接线柱,通往负荷的引线接下方的接线柱。

5. 注意事项

1) 安装后应检查闸刀和静触点是否成直线和紧密可靠连接。

2) 更换熔丝时,必须先拉闸断电后,按原规格安装熔丝。

3) 胶壳刀开关不适合用来直接控制 5.5 kW 以上的交流电动机。

4) 合闸、拉闸动作要迅速,使电弧很快熄灭。

5.2.2 组合开关

组合开关包括转换开关和倒顺开关。其特点是用动触片的旋转代替闸刀的推合和拉开,实质上是一种由多组触点组合而成的刀开关。这种开关可用作交流 50 Hz、380 V 和直流 220 V 以下的电路电源引入开关或控制 5.5 kW 以下小容量电动机的直接启动,以及电动机正、反转控制和机床照明电路控制。额定电流有 6 A、10 A、15 A、25 A、60 A、100 A 等多种。在电气设备中作为电源引入开关,主要用于非频繁接通和分断电路。在机床电气系统中,组合开关多用作电源开关,一般不带负荷接通或断开电源,而是在开车前空载接通电源,在应急、检修或长时间停用时,空载断开电源。其优点是体积小、寿命长、结构简单、操作方便、灭弧性能较好,多用于机床控制电路。

1. 结 构

(1) 转换开关

它主要由手柄、转轴、凸轮、动触片、静触片及接线柱等组成。当转动手柄时,每层的动触片随方形转轴一起转动,或使动触片插入静触片中,使电路接通;或使动触片离开静触片,使电路分断。各极是同时通断的。

HZ5-30/3 转换开关的外形如图 5-3(a)所示,结构如图 5-3(b)所示,及电气符号如图 5-3(c)所示。

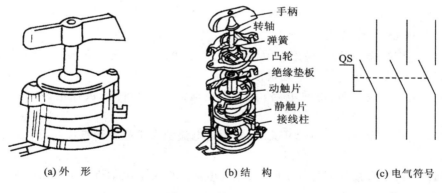

(a) 外 形　　(b) 结 构　　(c) 电气符号

图 5-3 转换开关

(2) 倒顺开关

倒顺开关又称可逆转开关,是组合开关的一种特例,多用于机床的进刀、退刀,电动机的正、反转和停止的控制或升降机的上升、下降和停止的控制,也可做控制小电流负荷的负荷开关,其外形结构如图 5-4(a)所示,电气符号如图 5-4(b)所示。

2. 组合开关的主要技术参数与型号含义

组合开关的主要技术参数与刀开关相同,有额定电压、额定电流、极数和可控制

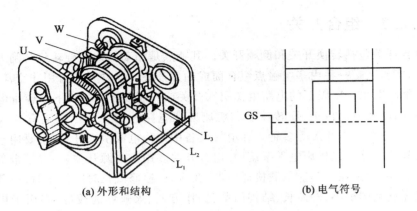

图 5-4 倒顺开关
(a) 外形和结构　　(b) 电气符号

电动机的功率等。

HZ 系列组合开关其型号含义如下:

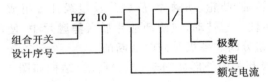

例如：HZ5-30P/3,其含义是:"HZ"表示开关类型为组合开关,"5"表示设计序号,"30"表示额定电流值为 30 A,"P"表示二路切换,"3"表示极数为三极。

3. 组合开关选用

1) 选用转换开关时,应根据电源种类、电压等级、所需触点数及电动机的容量选用,开关的额定电流一般取电动机额定电流的 1.5~2 倍。

2) 用于一般照明、电热电路,其额定电流应大于或等于被控电路的负荷电流总和。

3) 当用作设备电源引入开关时,其额定电流稍大于或等于被控电路的负荷电流总和。

4) 当用于直接控制电动机时,其额定电流一般可取电动机额定电流的 2~3 倍。

4. 安装方法

1) 安装转换开关时应使手柄保持平行于安装面。

2) 转换开关需安装在控制箱(或壳体)内时,其操作手柄最好伸出在控制箱的前面或侧面,应使手柄在水平旋转位置时为断开状态。

3) 若需在控制箱内操作时,转换开关最好装在箱内右上方,而且在其上方不宜安装其他电器,否则应采取隔离或绝缘措施。

5. 注意事项

1) 由于转换开关的通断能力较低,所以,不能用来分断故障电流。当用于控制电动机正、反转时,必须在电动机完全停转后,才能操作。

2) 当负荷功率因数较低时,转换开关要降低额定电流使用,否则会影响开关寿命。

5.2.3 低压断路器

低压断路器又称自动空气开关。它主要用于交、直流低压电路中,手动或电动分合电路中。当电气设备出现过负荷、短路、失电压等故障时产生的保护,也可控制电动机不频繁地启动、停止控制和保护。低压断路器具有多种保护功能、动作后不需要更换元件、动作电流可按需要整定、工作可靠、安装方便和分断能力较强等特点,因此广泛应用于各种动力线路和机床设备中。它是低压电路中重要的保护电器之一。但低压断路器的操作传动机构比较复杂,因此不能频繁开关动作。

1. 断路器的结构

断路器的结构有框架式(又称万能式)和塑料外壳式(又称装置式)两大类。框架式断路器为敞开式结构,适用于大容量配电装置。塑料外壳式断路器的特点是各部分元件均安装在塑料壳体内,具有良好的安全性,结构紧凑简单,可独立安装,常用作供电线路的保护开关、电动机或照明系统的控制开关,也广泛用于电器控制设备及建筑物内作电源线路保护及对电动机运行过负荷和短路保护。低压断路器一般由触点系统、灭弧系统、操作系统、脱扣器及外壳或框架等组成。各部分的作用如下:

① 触点系统 触点系统用于接通和断开电路。触点的结构形式有对接式、桥式和插入式三种,一般由银合金材料和铜合金材料制成。

② 灭弧系统 灭弧系统有多种结构形式,采用的灭弧方式有窄缝灭弧和金属栅灭弧。

③ 操作机构 操作机构用于实现断路器的闭合与断开。有手动操作机构、电动机操作结构、电磁操作机构等。

④ 脱扣机构 脱扣机构是断路器的感测元件,用来感测电路特定的信号(如过电压、过电流等)。电路一旦出现非正常信号,相应的脱扣器就会动作,通过联动装置使断路器自动跳闸而切断电路。

脱扣器的种类很多,有电磁脱扣、热脱扣、自由脱扣、漏电脱扣等。电磁脱扣又分为过电流、欠电流、过电压、欠电压脱扣及分励脱扣等。

几种常用断路器结构示意如图 5-5 所示。

2. 断路器的工作原理与型号含义

(1) 工作原理

通过手动或电动等操作机构可使断路器合闸,从而使电路接通。当电路发生故障(短路、过负荷、欠电压等)时,通过脱扣装置使断路器自动跳闸,达到不发生故障为目的。断路器的文字符号如图 5-6 所示。

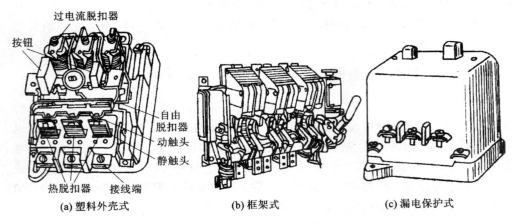

图 5-5 几种常用断路器结构示意图

图 5-7 所示为断路器工作原理示意图。断路器工作原理分析如下:当主触点闭合后,若 1 相电路发生短路或过电流(电流达到或超过过电流脱扣器动作值)事故时,过电流脱扣器的衔铁吸合,驱动自由脱扣器动作,主触点在弹簧的作用下断开;当电路过负荷时(1 相),热脱扣器的热元件发热使双金属片产生足够的弯曲,推动自由脱扣器动作,从而使主触点切断电路;当电源电压不足(小于欠电压脱扣器释放值)时,欠电压脱扣器的衔铁释放使自由脱扣器动作,主触点切断电路。分励脱扣器用于远距离切断电路。当需要分断电路时,按下分断按钮,分励脱扣器线圈通电,衔铁驱动自由脱扣器动作,使主触点切断电路。

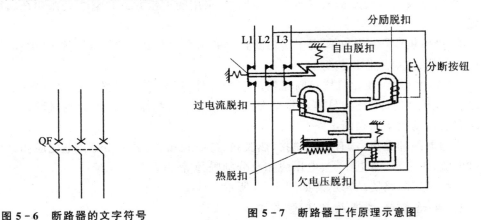

图 5-6 断路器的文字符号

图 5-7 断路器工作原理示意图

(2) 型号含义

低压断路器按结构形式,有塑料外壳式(DZ 系列)和框架式(DW 系列)两类,其型号含义如下:

第5章 常用低压电器

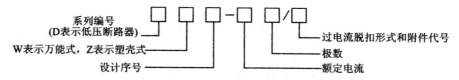

例如：DZl5-200/3，其含义是："DZ"表示开关类型为断路器，其中"Z"表示塑料外壳式（若为"S"则表示快速式，"M"表示灭弧式），"15"表示设计序号，"200"表示额定电流为200A，"3"表示极数为三极。

常用的框架结构低压断路器有DW10、DW15两个系列；塑料外壳式低压断路器有DZ5、DZl0、DZ20等系列，其中DZ20为统一设计的新产品。

3. 断路器选用

1）应根据具体使用条件和被保护对象的要求选择合适的类型。

2）一般在电器设备控制系统中，常选用塑料外壳式或漏电保护断路器；在电力网主干线路中主要选用框架式断路器；而在建筑物的配电系统中则一般采用漏电保护断路器。

3）断路器的额定电压和额定电流应不小于电路的额定电压和最大工作电流。

4）脱扣器整定电流的计算。热脱扣器的整定电流应与所控制负荷（如电动机等）的额定电流一致。电磁脱扣器的瞬时动作整定电流应大于负荷电路正常工作的最大电流。

对于单台电动机来说，DZ系列自动空气开关电磁脱扣器的瞬时动作整定电流I_Z可按下式计算，即

$$I_Z \geqslant KI_q$$

式中：K——安全系数，可取1.5～1.7；

I_q——电动机的启动电流。

对于多台电动机来说，可按下式计算，即

$$I_Z \geqslant KI_{q,max} + \sum I$$

式中：$\sum I$——电路中其余电动机额定电流的总和；

$I_{q,max}$——最大一台电动机的启动电流。

5）断路器用于电动机保护时，一般电磁脱扣器的瞬时脱扣整定电流应为电动机启动电流的1.7倍。

6）选用断路器作多台电动机短路保护时，一般电磁脱扣器的整定电流为容量最大的一台电动机启动电流的1.3倍，还要再加上其余电动机额定电流。

7）用于分断或接通电路时，其额定电流和热脱扣器的整定电流均应等于或大于电路中负荷额定电流的2倍。

8）选择断路器时，在类型、等级、规格等方面要与上、下级开关的保护特性相配合，不允许因下级保护失灵导致上级跳闸，扩大停电范围。

4. 安装维护方法

1）断路器在安装前应将脱扣器的电磁铁工作面的防锈油脂抹净,以免影响电磁机构的动作值。

2）断路器应上端接电源,下端接负荷。

3）断路器与熔断器配合使用时,熔断器应尽可能装于断路器之前,以保证使用安全。

4）电磁脱扣器的整定值一经调好后就不允许随意更改,使用日久后要检查其弹簧是否生锈卡住,以免影响其动作。

5）断路器在分断短路电流后应在切除上一级电源的情况下及时检查触点。若发现有严重的电灼痕迹,可用干布擦去;若发现触点烧毛,可用砂纸或细锉小心修整,但主触点一般不允许用锉刀修整。

6）应定期清除断路器上的积尘和检查各种脱扣器的动作值,操作机构在使用一段时间后(1～2年),在传动机构部分应加润滑油(小容量塑壳断路器不需要)。

7）灭弧室在分断短路电流后,或较长时间使用之后,应清除灭弧室内壁和栅片上的金属颗粒和黑烟灰,如灭弧室已破损,决不能再使用。

5. 注意事项

1）在确定断路器的类型后,进行具体参数的选择。

2）断路器的底板应垂直于水平位置,固定后应保持平整,倾斜度不大于5°。

3）有接地螺钉的断路器应可靠连接地线。

4）具有半导体脱扣装置的断路器,其接线端应符合相序要求,脱扣装置的端子应可靠连接。

5.2.4 熔断器

熔断器俗称保险器,是电网和用电设备的安全保护电器之一。低压熔断器广泛用于低压供配电系统和控制系统中,主要用作短路保护,有时也可用于过负荷保护。其主体是用低熔点金属丝或金属薄片制成的熔体,串联在被保护的电路中。在正常情况下,熔体相当于一根导线,当发生短路或严重过负荷时,电流很大,熔体因过热熔化而切断电路,使线路或电气设备脱离电源,从而起到保护作用。由于熔断器结构简单、体积较小、价格低廉、工作可靠、维护方便,所以应用极为广泛。熔断器是低压电路和电动机控制电路中最简单、最常用的过负荷和短路保护电器。但熔断器大多只能一次性使用,功能单一,更换需要一定时间,而且时间较长,所以,现在很多电器电路使用断路器代替低压熔断器。

熔断器的种类很多,按其结构可分为半封闭插入式熔断器、螺旋式熔断器、无填料封闭管式熔断器、有填料管式快速熔断器、半导体保护熔断器及自复式熔断器等。熔断器的种类不同,其特性和使用场合也有所不同,在工厂电器设备自动控制中,半封闭插入式熔断器、螺旋式熔断器使用最为广泛。

1. 熔断器结构

熔断器种类很多,常用的熔断器有 RCIA 系列瓷插式(插入式)和 RL1 系列螺旋式。RCIA 系列熔断器价格便宜,更换方便,广泛用于照明和小容量电动机的短路保护。RL1 系列熔断器断流能力大,体积小,安装面积小,更换熔丝方便,安全可靠,熔丝熔断后有显示,常用于电动机控制电路作短路保护。

(1) 瓷插式熔断器

瓷插式熔断器也称为半封闭插入式熔断器,它主要由瓷座、瓷盖、静触点、动触点和熔丝等组成,熔丝安装在瓷插件内。熔丝通常用铅锡合金或铅锑合金等制成,也有的用铜丝作熔丝。常用 RCIA 系列瓷插式(插入式)熔断器结构和电气符号如图 5-8 所示。

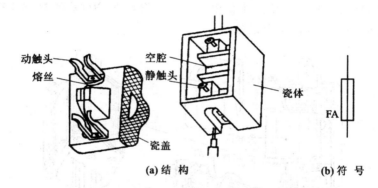

(a) 结构　　　　　　　(b) 符号

图 5-8　RCIA 系列瓷插式(插入式)熔断器及其电气符号

瓷座中部有一空腔,与瓷盖的凸出部分组成灭弧室。60 A 以上的瓷插式熔断器空腔中还垫有纺织石棉层,用以增强灭弧能力。它具有结构简单、价格低廉、体积小、带电更换熔丝方便等优点,且具有较好的保护特性,主要用于中、小容量的控制。瓷插式熔断器主要用于交流 400 V 以下的照明电路中作保护电器。但其分断能力较小,电弧较大。只适用于小功率负荷的保护,在城市趋于淘汰的状况。

常用的型号有 RCIA 系列,其额定电压为 380 V,额定电流有 5 A、10 A、15 A、30 A、60 A、100 A 和 200 A 七个等级。

(2) 螺旋式熔断器

螺旋式熔断器主要由瓷帽、熔断管、瓷套、底座等组成。熔丝安装在熔断体的瓷质熔管内,熔管内部充满起灭弧作用的石英砂。熔断体自身带有熔体熔断指示装置。螺旋式熔断器是一种有填料的封闭管式熔断器,结构较瓷插式熔断器复杂,其结构如图 5-9 所示。

螺旋式熔断器用于交流 400 V 以下、额定电流在 200 A 以内的电气设备及电路的过负荷和短路保护,具有较好的抗震性能,灭弧效果与断流能力均优于瓷插式熔断器,它广泛用于机床电气控制设备中。

螺旋式熔断器常用的型号有 RL6、RL7(取代 RL1、RL2)、RLS2(取代 RLS1)等系列。

(3) 有填料封闭管式熔断器

有填料封闭管式熔断器的结构如图 5-10 所示。它由瓷底座、熔断体两部分组成,熔体安放在瓷质熔管内,熔管内部充满石英砂作灭弧用。

填料封闭管式熔断器具有熔断迅速、分断能力强、无声光现象等良好性能;但其结构复杂,价格昂贵。主要用于供电线路及要求分断能力较高的配电设备中。

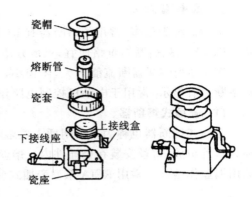

图 5-9 RL1 系列螺旋式熔断器

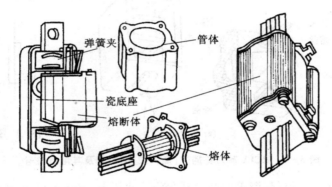

图 5-10 有填料封闭管式熔断器结构图

填料封闭管式熔断器常用的型号有 RT12、RT14、RT15、RT17 等系列。

(4) 无填料封闭管式熔断器

这种熔断器主要用于低压电力网以及成套配电设备中填料封闭管式熔断器,该熔断器由插座、熔断管、熔体等组成。主要型号有 RM10 系列。

(5) 自复式熔断器

自复式熔断器是一种新型限流元件,图 5-11(a)为结构示意图。它的工作原理简单分析如下:在正常条件下,电流从电流端子通过绝缘管(氧化铍材料)的细孔中的金属钠到另一电流端子构成通路;当发生短路或严重过负荷时,故障电流使钠急剧发热而汽化,很快形成高温、高压、高电阻的等离子状态,从而限制短路电流的增加。在高压作用下,活塞使氩气压缩。当短路或过负荷电流切除后,钠温度下降,活塞在压缩氩气作用下使熔断器迅速回复到正常状态。由于自复式熔断器只能限流,不能分断电流,因此,它常与断路器配合使用以提高组合分断能力。图 5-11(b)为其接线图,正常工作时自复式熔断器的电阻是很小的,与它并联的电阻中仅流过很小的电流。在短路时,自复熔断器的电阻值迅速增大,电阻中的电流也增大,使得断路器 QF 动作,分断电路。电阻的作用一方面是降低自复式熔断器动作时产生的过电压,另一方面为断路器的电磁脱扣器提供动作电流。

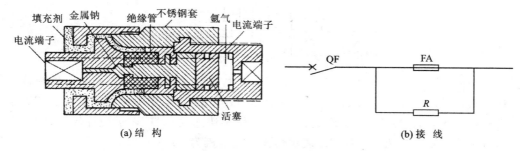

图 5-11 自复式熔断器

自复式熔断器在电路中主要起短路保护作用。过负荷保护则由断路器来承担。

自复式熔断器的优点是:具有限流作用,重复使用时不必更换熔体等。它的主要技术参数有额定电压 380 V 和额定电流 100 A、200 A;与断路器组合后分断能力可达 100 kA。

(6) 快速熔断器

快速熔断器主要用于半导体元件或整流装置的短路保护。由于半导体元件的过负荷能力很低,只能在极短的时间内承受较大的过负荷电流,因此要求短路保护器件具有快速熔断能力。快速熔断器的结构与有填料封闭管式熔断器基本相同,但熔体材料和形状不同,一般熔体用银片冲成,其形如 V 形深槽的变截面形状,图 5-12 为其结构图。

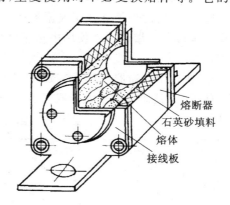

图 5-12 快速熔断器结构图

快速熔断器主要型号有 RS0、RS3、RLS1、RLS2 等系列。

2. 熔断器的主要参数与型号含义

① 额定电压 这是从灭弧角度出发,规定熔断器所在电路工作电压的最高限额。如果线路的实际电压超过熔断器的额定电压,一旦熔体熔断时,有可能发生电弧不能及时熄灭的现象。

② 额定电流 实际上是指熔座的额定电流,这是由熔断器长期工作所允许的温升决定的电流值。配用的熔体的额定电流应小于或等于熔断器的额定电流。

③ 熔体的额定电流 熔体长期通过不被熔断的最大电流为熔体的额定电流。生产厂家生产不同规格的熔体供用户选择使用。

④ 极限分断能力 熔断器所能分断的最大短路电流值。分断能力的大小与熔

断器的灭弧能力有关,而与熔断器的额定电流值无关。熔断器的极限分断能力必须大于线路中可能出现的最大短路电流。

⑤ 型号含义

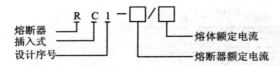

例如:RS1-25/20,其含义是:"RS"表示电器型熔断器,其中"S"表示熔断器型快速式,(其余常用类型分别为:"C"表示瓷插式、"M"表示无填料密闭管式、"r"表示有填料密闭管式、"L"表示螺旋式、"IS"表示螺旋快速式),"1"表示设计序号,"25"表示熔断器额定电流为 25 A,"20"表示熔体额定电流为 20 A。

3. 熔断器选择

① 熔断器的类型应根据不同的使用场合、保护对象有针对性地选择。

② 熔断器的选择包括熔断器种类选择和额定参数的选择。

③ 熔断器的种类选择应根据各种常用熔断器的特点、应用场所及实际应用的具体要求来确定。熔断器在使用中选用恰当,才能既保证电路正常工作又能起到保护作用。

④ 在选用熔断器的具体参数时,应使熔断器的额定电压大于或等于被保护电路的工作电压;其额定电流大于或等于所装熔体的额定电流,如表 5-1 所列。

表 5-1 RL 系列熔断器技术数据

型 号	熔断器额定电流/A	可装熔丝的额定电流/A	型 号	熔断器额定电流/A	可装熔丝的额定电流/A
RL15	15	2、4、5、6、10、15	RL100	100	60、80、100
RL60	60	20、25、30、35、40、50、60	R1200	200	100、125、150、200

⑤ 熔体的额定电流是指相当长时间流过熔体而不熔断的电流。额定电流值的大小与熔体线径粗细有关,熔体线径越粗的额定电流值越大。表 5-2 所列为熔体熔断时间。

表 5-2 熔体熔断时间

熔断电流倍数	1.25~1.3	1.6	2	3	4	8
熔断时间	∞	1 h	40 s	4.5 s	2.5 s	瞬时

⑥ 用于电炉、照明等阻性负荷电路的短路保护时,熔体额定电流不得小于负荷额定电流。

⑦ 用于单台电动机短路保护时,熔体额定电流 $I=(1.5\sim2.5)\times$ 电动机额定

电流。

⑧ 用于多台电动机短路保护时,熔体额定电流 $I=(1.5\sim2.5)\times$ 容量最大一台电动机额定电流＋其余电动机额定电流总和。

系数 1.5～2.5 的选用原则是：电动机功率越大,系数选用得越大；相同功率时,启动电流较大,系数也选得较大。一般只选到 2.5,小型电动机带负荷启动时,允许取系数为 3,但不得超过 3。

一般首先选择熔体的规格,再根据熔体的规格来确定熔断器的规格。

4. 熔断器安装方法

1) 装配熔断器前应检查熔断器的各项参数是否符合电路要求。
2) 安装熔断器时必须在断电情况下操作。
3) 安装时熔断器必须完整无损(不可拉长),接触紧密可靠,但也不能绷紧。
4) 熔断器应安装在线路的各相线(火线)上,在三相四线制的中性线上严禁安装熔断器；单相二线制的中性线上应安装熔断器。
5) 螺旋式熔断器在接线时,为了更换熔断管时安全,下接线端应接电源,而连接螺口的上接线端应接负荷。

5. 注意事项

1) 只有正确选择熔体和熔断器才能起到保护作用。
2) 熔断器的额定电流不得小于熔体的额定电流。
3) 对保护照明电路和其他非电感设备的熔断器,其熔丝或熔断管额定电流应大于电路工作电流。保护电动机电路的熔断器,应考虑电动机的启动条件,按电动机启动时间长短、频繁启动程度来选择熔体的额定电流。
4) 多级保护时应注意各级间的协调配合,下一级熔断器熔断电流应比上一级熔断电流小,以免出现越级熔断,扩大动作范围。

5.2.5 按 钮

按钮是一种手动操作接通或分断小电流控制电路的主令电器。一般情况下它不直接控制主电路的通断,而是在控制电路中发出"指令"去控制接触器、继电器等电器,再由它们来控制主电路。根据按钮触点结构、触点组数和用途的不同,按钮可分为启动按钮、停止按钮和复合按钮,一般使用的按钮多为复合按钮。

1. 按钮的结构

按钮由按钮帽、复位弹簧、桥式动触点、静触点和外壳等组成。其触点允许通过的电流很小,一般不超过 5 A。

根据使用要求、安装形式和操作方式的不同,按钮的种类很多。根据触点结构不同,按钮可分为停止按钮(动断按钮)、启动按钮(动合按钮)及复合按钮(动断、动合组合为一体的按钮)。复合按钮在按下按钮帽时,首先断开动断触点,再通过一小段时间后接通动合触点;松开按钮帽时,复位弹簧先使动合触点分断,通过一小段时间后动开触点才闭合,如图 5-13 所示。部分常见按钮开关的外形如图 5-14 所示。

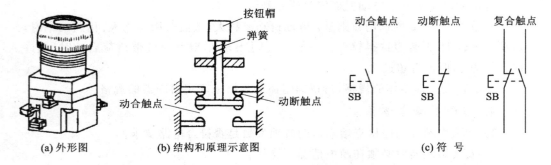

图 5-13 按钮开关

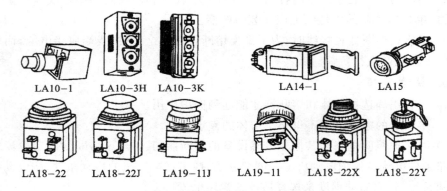

图 5-14 常见按钮开关的外形

2. 型号含义

其型号含义如下:

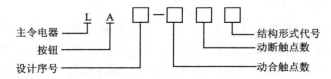

例如:LA19-22K,其含义是:"LA"表示电器类型为按钮开关,"19"表示设计序号,前"2"表示动合触点数为 2 对,后"2"表示动断触点数为 2 对,"K"表示按钮开关的结构类型为开启式(其余常用类型分别为:"H"表示保护式、"X"表示旋钮式、"D"表示带指示灯式、"J"表示紧急式,若无标示则表示为平钮式)。

3. 按钮的选用

1) 根据使用场合,选择按钮的种类,如开启式、保护式、防水式和防腐式等。
2) 根据用途,选用合适的形式,如手把旋钮式、钥匙式、紧急式和带灯式等。

3) 按控制回路的需要,确定不同按钮数,如单钮、双钮、三钮和多钮等。

4) 按工作状态指示和工作情况要求,选择按钮和指示灯的颜色(参照国家有关标准)。

5) 核对按钮的额定电压、电流等指标是否满足要求。

常用控制按钮的型号有 LA4、LA10、LA18、LA19、LA20 和 LA25 等系列。

4. 按钮的安装

1) 按钮安装在面板上时,应布置合理,排列整齐。可根据生产机械或机床启动、工作的先后顺序,从上到下或从左至右依次排列。如果它们有几种工作状态,如上、下,前、后,左、右,松、紧等,应使每一组正反状态的按钮安装在一起。

2) 在面板上固定按钮时安装应牢固;停止按钮用红色,启动按钮用绿色或黑色;按钮较多时,应在显眼且便于操作处用红色蘑菇头设置总停按钮,以应付紧急情况。

5. 注意事项

1) 由于按钮的触点间距较小,如有油污时极易发生短路故障,故使用时应经常保持触点间的清洁。

2) 用于高温场合时,容易使塑料变形老化,导致按钮松动,引起接线螺钉间相碰短路,在安装时可视情况再多加一个紧固垫圈,使两个拼紧。

3) 带指示灯的按钮由于灯泡要发热,时间长时易使塑料灯罩变形,造成调换灯泡困难,故此按钮不宜长时间通电。

5.2.6 行程开关

行程开关又称位置开关或限位开关,其作用与按钮开关相同,只是触点的动作不靠手动操作,而是利用生产机械运动部件的碰撞使触点动作来实现接通或分断控制电路,达到一定的控制目的。通常,这类开关被用来限制机械运动的位置或行程,使运动机械按一定位置或行程自动停止、反向运动、变速运动或自动往返运动等。根据机械运动部件的不同规律与要求,行程开关的形式很多,常用的有滚轮式(旋转式)和按钮式(直动式),有的能自动复位,有的则不能自动复位。

1. 行程开关结构

行程开关又称为限位开关,其作用是将机械位移转变为触点的动作信号,以控制机械设备的运动,在机电设备的行程控制中有很大作用。行程开关的工作原理与控制按钮相同,不同之处在于行程开关是利用机械运动部分的碰撞而使其动作。按钮则是通过人力使其动作。

根据机械运动部件的不同规律与要求,行程开关的形式很多,常用的有滚轮式(旋转式)、按钮式(直动式)和微动式三种。有的能自动复位,有的则不能自动复位。图 5-15 所示为行程开关的外形。图 5-16 所示为其电气符号和结构图。行程开关由操作头、触点系统和金属壳组成。金属壳里有顶杆、弹簧片、动断触点、动合触点、弹簧。

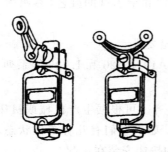

图 5-15 行程开关的外形

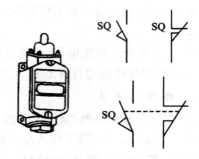

图 5-16 行程开关的结构和符号

(1) 直动式行程开关

其结构如图 5-17(a)所示。这种行程开关的特点是：结构简单、成本较低，但触点的运行速度取决于挡铁移动的速度。若挡铁移动速度太慢，则触点就不能瞬时切断电路，使电弧或电火花在触点上滞留时间过长，易使触点损坏。这种开关不宜用于挡铁移动速度小于 0.4 m/min 的场合。

(2) 微动式行程开关

其结构如图 5-17(b)所示。这种开关的特点是：有储能动作机构，触点动作灵敏，速度快并与挡铁的运动速度无关。缺头是触点电流容量小、操作头的行程短，使用时操作头部分容易损坏。

(3) 滚轮式行程开关

其结构如图 5-17(c)所示。这种开关具有触点电流容量大、动作迅速，操作头动作行程大等特点，主要用于低速运行的机械。

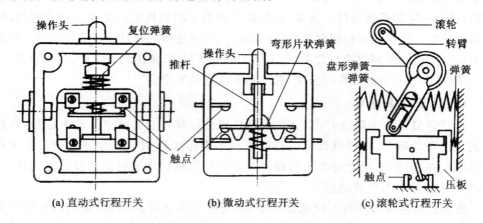

图 5-17 几种常见行程开关结构示意图

行程开关还有很多种不同的结构形式，一般都是在直动式或微动式行程开关的基础上加装不同的操作头构成。

2. 行程开关的型号含义

行程开关型号含义如下：

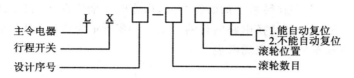

例如：JLXK1-211，其含义是："J"表示电器类型为机床电器，"L"表示为主令电器，"X"表示为行程开关，"K"表示为快速式，"1"表示设计序号，"2"表示行程开关类型为双轮式（其余常用类型分别为："1"表示单轮式，"3"表示直动不带轮式，"4"表示直动带轮式），第一个"1"表示动合触点数为 1 对，第二个"1"表示动断触点数为 1 对。

3. 行程开关的选用

1) 根据应用场合及控制对象选择，有一般用途行程开关和起重设备用行程开关。
2) 根据安装环境选择结构形式，有开启式、防护式等。
3) 应根据被控制电路的特点、要求和所需触点数量等因素综合考虑。
4) 根据机械运动与行程开关相互间的传动与位移的关系选择合适的操作头形式。
5) 根据控制回路的额定电压和额定电流选择系列。

常用行程开关的型号有 LX5、LX10、LX19、LX31、LX32、LX33、LXW-11 和 JLXK1 等系列。

4. 行程开关安装

1) 安装应检查所选行程开关是否符合要求。
2) 滚轮固定应恰当，有利于生产机械经过预定位置或行程时能较准确地实现行程控制。

5. 注意事项

行程开关安装时，应注意滚轮方向不能装反，与生产机械的撞块相碰撞位置应符合线路要求。

5.2.7 万能转换开关

万能转换开关是一种能同时切换多路线路的主令电器，它可作为各种配电设备的远距离控制开关、各种仪表的切换开关、正反转换开关和双速电动机的变速开关等，用途极为广泛，故称为"万能"转换开关。

1. 万能转换开关的基本结构

万能转换开关由触点系统、操作机构、转轴、手柄、定位机构等主要部件组成,用螺栓组装成整体。万能转换开关由很多层触点底座叠装而成,每层底座内装有一对(或三对)触点和一个装在转轴上的凸轮组成,操作时手柄带动转轴和凸轮一起旋转,凸轮推动触点,从而达到转换电路的目的。图 5-18 所示为常用 LW5 系列万能转换开关外形图、电气符号及触点通断表。

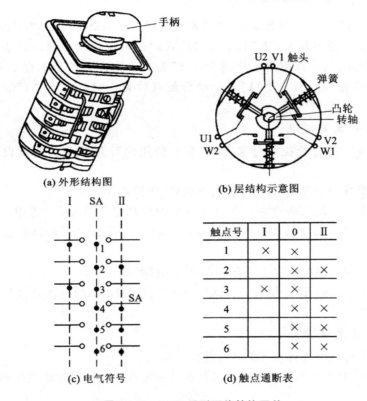

图 5-18 LW5 系列万能转换开关

触点系统由许多层接触单元组成,最多可达 20 层。每一接触单元有 2～3 对双断点触点并安装在塑料压制的触点底座上,触点由凸轮通过支架驱动,每一断点设置隔弧罩以限制电弧,增加其工作可靠性。

定位机构一般采用滚轮卡棘轮辐射形结构,其优点是操作轻便、定位可靠并有一定的速动作用,有利于提高触点分断能力。定位角度由具体的系列规定,一般分为 30°、45°、60°和 90°等几种。

手柄的形式有旋钮式、普通式、带定位钥匙式和带信号灯式等。

2. 万能转换开关的型号含义

万能转换开关的型号及意义如下：

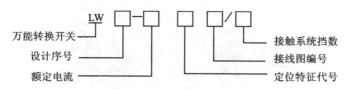

3. 万能转换开关的选用

万能转换开关可按下列要求进行选择：
1) 按额定电压和工作电流等选择合适的系列。
2) 按操作需要选择手柄形式和定位特征。
3) 按控制要求确定触点数量与接线图编号。
4) 选择面板形式及标志。

常用万能转换开关的型号有 LW2、LW4、LW5、LW6 和 LW8 等系列。

5.2.8 接触器

接触器是一种通用性很强的开关式电器，是电力拖动与自动控制系统中一种重要的低压电器。可以频繁地接通和分断交直流主电路，它是有触点电磁式电器的典型代表，相当于一种自动电磁式开关，是利用电磁力的吸合和反向弹簧力作用使触点闭合和分断，从而使电路接通和断开。具有欠电压释放保护及零电压保护，控制容量大，可运用于频繁操作和远距离控制，工作可靠、寿命长、性能稳定、维护方便等优点。主要用来控制电动机，也可用来控制电焊机、电阻炉和照明器具等电力负荷。接触器不能切断短路电流，因此通常须与熔断器配合使用。

接触器的分类方法较多，可以按驱动触点系统动力来源的不同分为电磁式接触器、气动式接触器和液动式接触器；也可按灭弧介质的性质，分为空气式接触器、油浸式接触器和真空接触器等；还可按主触点控制的电流性质，分为交流接触器和直流接触器等。本节主要介绍在电力控制系统中使用最为广泛的电磁式交流接触器。

1. 交流接触器结构

交流接触器由电磁机构、触点系统和灭弧系统三部分组成。电磁机构一般为交流电磁机构，也可采用直流电磁机构。吸引线圈为电压线圈，使用时并接在电压相应的控制电源上。触点可分为主触点和辅助触点，主触点一般为三极动合触点，电流容量大，通常装设灭弧机构，因此，具有较大的电流通断能力，主要用于大电流电路（主电路）；辅助触点电流容量小，不专门设置灭弧结构，主要用在小电流电路（控制电路或其他辅助电路）中作联锁或自锁之用。图 5-19 所示为交流接触器的外形结构示意图及图形与文字符号。

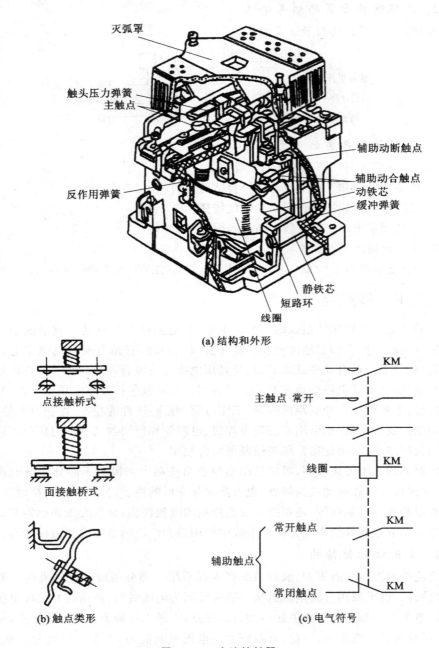

图 5-19 交流接触器

(1) 电磁系统

电磁系统是接触器的重要组成部分,它由吸引线圈和磁路两部分组成,磁路包括静铁芯、动铁芯、铁轭和空气隙,利用气隙将电磁能转化为机械能,带动动触点与静触点接通或断开。图 5-20 所示为 CJ20 接触器电磁系统结构图。

交流接触器的线圈是由漆包线绕制而成,以减少铁芯中的涡流损耗,避免铁芯过热。在铁芯上装有一个短路的铜环作为减振器,使铁芯中产生不同相位的磁通量 Φ_1、Φ_2,以减少交流接触器吸合时的振动和噪声。如图 5-21 所示,其材料一般为铜、康铜或镍铬合金。

电磁系统的吸力与气隙的关系曲线称为吸力特性,它随励磁电流的种类(交流和直流)和线圈的连接方式(串联或并联)而有所差异。反作用力的大小与反作用弹簧的弹力和动铁芯质量有关。

(2) 触点系统

触点系统用来直接接通和分断所控制的电路,根据用途不同,接触器的触点分主触点和辅助触点两种。辅助触点通过的电流较小,通常接在控制回路中。主触点通过的电流较大,接在电动机主电路中。

触点是用来接通和断开电路的执行元件。按其接触形式可分为点接触、面接触和线接触三种。

1) 点接触　它由两个半球形触点或一个半球形与另一个平面形触点构成,如图 5-19(b)所示。常用于控制小电流的电器中,如接触器的辅助触点或继电器触点。

2) 面接触　可允许通过较大的电流,应用较广,如图 5-19(b)所示。在这种触点的表面上镶有合金,以减小接触电阻和提高耐磨性,多用于较大容量接触器上的主触点。

3) 线接触　它的接触区域是一条直线,如图 5-19(b)所示。触点在通断过程中是滚动接触的。其好处是可以自动清除触点表面的氧化膜,保证了触点的良好接触。这种滚动接触多用于中等容量的触点,如接触器的主触点。

(3) 电弧的产生与灭弧装置

当接触器触点断开电路时,若电路中的动、静触点之间电压超过 10～12 V,电流超过 80～100 mA 时,动、静触点之间将出现强烈火花,这实际上是一种空气放电现象,通常称为"电弧"。所谓空气放电,就是空气中有大量的带电质点作定向运动。当触点分离瞬间,间隙很小,电路电压几乎全部降落在动、静两触点之间,在触点间形成了很高的电场强度,负极中的自由电子会逸出到气隙中,并向正极加速运动。由于撞击电离、热电子发射和热游离的结果,在动、静两触点间呈现大量向正极飞驰的电子流,形成电弧。随着两触点间距离的增大,电弧也相应地拉长,不能迅速切断。由于电弧的温度高达 3 000 ℃ 或更高,导致触点被严重烧灼,缩短了电器的寿命,给电气设备的运行安全和人身安全等都造成了极大的威胁。因此,必须采取有效方法,尽可

能消灭电弧。常采用的灭弧方法和灭弧装置有:

1) 电动力灭弧 电弧在触点回路电流磁场的作用下,受到电动力作用拉长,并迅速离开触点而熄灭,如图 5-22(a)所示。

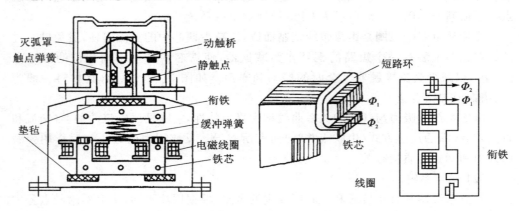

图 5-20 CJ20 接触器电磁系统结构图　　　图 5-21 交流接触器的短路环

2) 纵缝灭弧 电弧在电动力的作用下,进入由陶土或石棉水泥制成的灭弧室窄缝中,电弧与室壁紧密接触,被迅速冷却而熄灭,如图 5-22(b)所示。

3) 栅片灭弧 电弧在电动力的作用下,进入由许多定间隔的金属片所组成的灭弧栅之中,电弧被栅片分割成若干段短弧,使每段短弧上的电压达不到燃弧电压,同时栅片具有强烈的冷却作用,致使电弧迅速降温而熄灭,如图 5-22(c)所示。

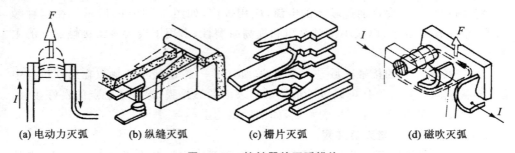

图 5-22 接触器的灭弧措施

4) 磁吹灭弧 灭弧装置设有与触点串联的磁吹线圈,电弧在吹弧磁场的作用下受力拉吹离触点,加速冷却而熄灭,如图 5-22(d)所示。

2. 接触器的基本技术参数与型号含义

(1) 额定电压

接触器额定电压是指主触点上的额定电压。其电压等级为:

1) 交流接触器 220 V、380 V 和 500 V。

2) 直流接触器 220 V、440 V 和 660 V。

(2) 额定电流

接触器额定电流是指主触点的额定电流。其电流等级为：

1) 交流接触器　10 A、15 A、25 A、40 A、60 A、150 A、250 A、400 A、600 A，最高可达 2 500 A。

2) 直流接触器　25 A、40 A、60 A、100 A、150 A、250 A、400 A 和 600 A。

(3) 线圈的额定电压

其电压等级为：

1) 交流线圈　36 V、110 V、127 V、220 V 和 380 V。

2) 直流线圈　24 V、48 V、110 V、220 V 和 440 V。

(4) 额定操作频率

额定操作频率，即每小时通断次数。交流接触器可高达 6 000 次/h，直流接触器可达 1 200/h 次。电器寿命达 500～1 000 万次。

(5) 型号含义

交流接触器和直流接触器的型号分别为 CJ 和 CZ。

直流接触器型号的含义为：

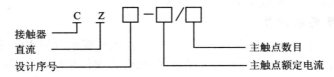

交流接触器型号的含义为：

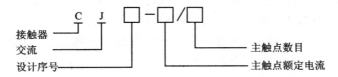

我国生产的交流接触器常用的有 CJ1、CJ10、CJ12、CJ20 等系列产品。CJ12 和 CJ20 新系列接触器，所有受冲击的部件均采用了缓冲装置，合理地减小了触点开距和行程。运动系统布置合理、结构紧凑；采用结构连接，因不用螺钉，所以，维修更方便。

直流接触器常用的有 CZ1 和 CZ3 等系列和新产品 CZ20 系列。新系列接触器具有寿命长、体积小、工艺性能更好、零部件通用性更强等优点。

3．接触器的选用

1) 类型的选择　根据所控制的电动机或负荷电流类型来选择接触器类型，交流负荷应采用交流接触器，直流负荷应采用直流接触器。

2) 主触点额定电压和额定电流的选择　接触器主触点的额定电压应大于等于负荷电路的额定电压，主触点的额定电流应大于负荷电路的额定电流，或者根据经验公式计算，计算公式如下（适用于 CJ0、CJ10 系列）：
$$I_e = P_N \times 10^3 / (K U_N)$$
式中：K——经验系数，一般取 1～1.4；
　　　P_N——电动机额定功率(kW)；
　　　U_N——电动机额定电压(V)；
　　　I_e——接触器主触点电流(A)。

如果接触器控制的电动机启动、制动或正反转较频繁，一般将接触器主触点的额定电流降一级使用。

3) 线圈电压的选择　接触器线圈的额定电压不一定等于主触点的额定电压，从人身和设备安全角度考虑，线圈电压可选择低一些；但当控制线路简单，线圈功率较小时，为了节省变压器，可选 220 V 或 380 V。

4) 接触器操作频率的选择　操作频率是指接触器每小时通断的次数。当通断电流较大及通断频率过高时，会引起触点过热，甚至熔焊。操作频率若超过规定值，应选用额定电流大一级的接触器。

5) 触点数量及触点类型的选择　通常接触器的触点数量应满足控制支路数的要求，触点类型应满足控制线路的功能要求。

4. 接触器安装方法

1) 接触器安装前应检查线圈的额定电压等技术数据是否与实际使用相符，然后将铁芯及面上的防锈油脂或锈垢用汽油擦净，以免多次使用后被油垢粘住，造成接触器断电时不能释放触点。

2) 接触器安装时，一般应垂直安装，其倾斜度不得超过 5°，否则会影响接触器的动作特性。安装有散热孔的接触器时，应将散热孔放在上下位置，以利于线圈散热。

3) 接触器安装与接线时，注意不要把杂物失落到接触器内，以免引起卡阻而烧毁线圈，同时应将螺钉拧紧，以防振动松脱。

5. 注意事项

1) 接触器的触点应定期清扫并保持整洁，但不得涂油；当触点表面因电弧作用形成金属小珠时，应及时铲除，但银及银合金触点表面产生的氧化膜，由于接触电阻很小，可不必修复。

2) 触点过热：主要原因有接触压力不足，表面接触不良，表面被电弧灼伤等，造成触点接触电阻过大，使触点发热。

3) 触点磨损：有两种原因，一是电气磨损，由于电弧的高温使触点上的金属氧化和蒸发所造成；二是机械磨损，由于触点闭合时的撞击，触点表面相对滑动摩擦所造成。

4) 线圈失电后触点不能复位：其原因有触点被电弧熔焊在一起；铁芯剩磁太大，复位弹簧弹力不足；活动部分被卡住等。

5) 衔铁振动有噪声：主要原因是短路环损坏或脱落；衔铁歪斜；铁芯端面有锈

蚀尘垢,使动静铁芯接触不良;复位弹簧弹力太大;活动部分有卡滞,使衔铁不能完全吸合等。

6) 线圈过热或烧毁:主要原因是线圈匝间短路;衔铁吸合后有间隙;操作频繁超过允许操作频率。外加电压高于线圈额定电压等,引起线圈中电流过大所造成。

5.2.9 电磁式继电器

继电器是根据电流、电压、温度、时间、速度等信号的变化来自动接通和分断小电流电路的控制元件。它与接触器不同,继电器一般不直接控制主电路,而是通过接触器或其他电器对主电路进行控制。因此继电器触点的额定电流较小(5～10 A),不需要灭弧装置,具有结构简单、体积小、质量轻等优点,但对其动作的准确性则要求较高。

继电器的种类很多,分类方法也较多。按用途来分,可分为控制继电器和保护继电器;按反映的信号来分,可分为电压继电器、电流继电器、时间继电器、热继电器和速度继电器等;按功能可分为:中间继电器、热继电器、电压继电器、电流继电器、功率继电器、时间继电器、速度继电器、极化继电器、冲击继电器等;按动作原理来分,可分为电磁式、电子式和电动式等。

电磁式继电器主要有电压继电器、电流继电器和中间继电器等。

1. 电磁式继电器的基本结构与工作原理

电磁式继电器的结构、工作原理与接触器相似,由电磁系统、触点系统和反力系统部分组成。当吸引线圈通电(或电流、电压达到一定值)时,衔铁运动驱动触点动作。图 5-23 所示为电磁式继电器基本结构示意图。

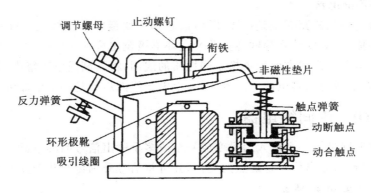

图 5-23 电磁式继电器结构示意图

2. 常用电磁式继电器介绍

电磁式继电器的图形和文字符号如图 5-24 所示。

(1) 电压继电器

电压继电器根据电路中电压的大小来控制电路的"接通"或"断开"。主要用于电

图 5-24 电磁式继电器的图形和文字符号

路的过电压或欠电压保护,使用时其吸引线圈直接(或通过电压互感器)并联在被控电路中。

过电压继电器在电路电压正常时不动作;当电路电压超过额定电压的 1.05~1.2 倍以上时动作。欠(零)电压继电器在电路电压正常时电磁机构动作(吸合);当电路电压下降到(30%~50%)U_N 以下或消失时,电磁机构释放,实现欠(零)电压保护。

电压继电器有直流电压继电器和交流电压继电器之分,交流电压继电器用于交流电路,而直流电压继电器则用于直流电路中,它们的工作原理是相同的。

(2) 电流继电器

电流继电器根据电路中电流的大小来控制电路的"接通"或"断开"。主要用于电路的过电流或欠电流保护,使用时其吸引线圈直接(或通过电流互感器)串联在被控电路中。

过电流继电器在电路工作正常时衔铁不能吸合;当电路出现故障、电流超过某一整定值(1.1~4 倍额定电流)时,过电流继电器才动作。欠电流继电器则是在电路工作正常时动铁芯被吸合,当电流减小到某一整定值$\left(额定电流的\frac{1}{10}\sim\frac{1}{5}\right)$时,动铁芯被释放。电流整定值可通过调节恢复弹簧的弹力来调节。

电流继电器有直流电流继电器和交流电流继电器之分,其工作原理与电压继电器相同。

(3) 通用继电器

通用继电器的磁路系统是由 U 形静铁芯和一块板状衔铁构成。U 形铁芯与铝座浇铸成一体,线圈安装在静铁芯上并通过环形极靴定位。

通用继电器可以很方便地更换不同性质的线圈,将其制成电压继电器、电流继电器、中间继电器或时间继电器等。例如,装上电流线圈后就是一个电流继电器。

5.2.10 中间继电器

中间继电器是将一个输入信号变成一个或多个输出信号的继电器。它的输入信号为通电和断电,输出信号是触点的动作,并可将信号分别传给几个元件或回路。

1. 中间继电器结构

中间继电器的结构及工作原理与接触器基本相同,JZ7 中间继电器由线圈、静铁芯、动铁芯及触点系统等组成。它的触点较多,一般有八对,可组成四对动合、四对动断或六对动合、两对动断或八对动合等三种形式。其工作原理和结构如图 5-25 所示。中间继电器一般根据负荷电流的类型、电压等级和触点数量来选择。其安装方法和注意事项与接触器类似,但中间继电器由于触点容量较小,一般不能接到主线路中应用。中间继电器的触点数量较多,并且无主、辅触点之分,各对触点允许通过的电流大小也是相同的,额定电流约为 5 A。在控制额定电流不超过 5 A 的电动机时,也可用它来代替接触器。

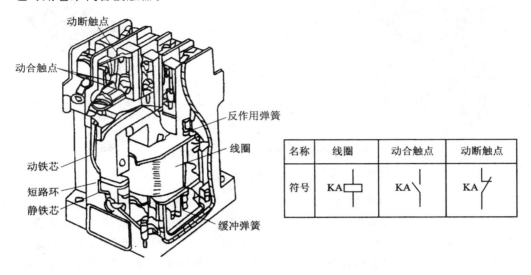

图 5 - 25 中间继电器

常用的中间继电器有 JZ7、JZ8 系列,其型号含义是:

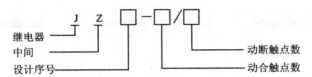

例如:JZ7 - 53,其含义是:"JZ"表示电器类型为中间继电器,"7"表示设计序号,"5"表示动合触点数,"3"表示动断触点数。

2. 中间继电器的选用

中间继电器应根据被控制电路的电压等级、所需触点的数量和种类以及容量等要求来选择。

5.2.11 热继电器

热继电器是利用电流的热效应来推动动作机构使触点闭合或断开的保护电器。它主要用于电动机的过负荷保护、断相保护、电流不平衡运行保护及其他电气设备发热状态的控制。

1. 热继电器的结构

常用的热继电器有两个热元件组成的两相结构和三个热元件组成的三相结构两种形式。两相结构的热继电器主要由加热元件、主双金属片动作机构、触点系统、电流整定装置、复位机构和温度补偿元件等组成,如图 5-26 所示。

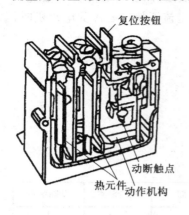
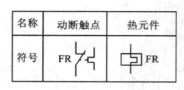
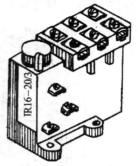

图 5-26 热继电器

① 热元件 热元件是使热继电器接收过负荷信号的部分,它由双金属片及绕在双金属片外面的绝缘电阻丝组成。双金属片由两种热膨胀系数不同的金属片复合而成,如铁镍铬合金和铁镍合金。电阻丝用康铜和镍铬合金等材料制成,使用时串联在被保护的电路中。当电流通过热元件时,热元件对双金属片进行加热,使双金属片受热弯曲。热元件对双金属片加热方式有三种:直接加热、间接加热和复式加热,如图 5-27 所示。

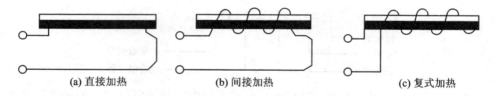

图 5-27 热继电器双金属片加热方式示意图

② 触点系统 一般配有一组切换触点,可形成一个动合触点和一个动断触点。
③ 动作机构 由导板、补偿双金属片、推杆、杠杆及拉簧等组成,用来补偿环境温度的影响。
④ 复位按钮 热继电器动作后的复位有手动复位和自动复位两种。手动复位的功能由复位按钮来完成。自动复位功能由双金属片冷却自动完成,但需要一定的时间。
⑤ 整定电流装置 由旋钮和偏心轮组成,用来调节整定电流的数值。热继电器的整定电流是指热继电器长期不动作的最大电流值,超过此值就要动作。

2. 热继电器工作原理

(1) 普通热继电器

三相结构热继电器工作原理如图 5-28 所示。当电动机电流未超过额定电流时,双金属片自由弯曲的程度(位移)不足以触及动作机构,因此热继电器不会动作;

当电路过负荷时,热元件使双金属片向上弯曲变形,扣板在弹簧拉力作用下带动绝缘牵引板,分断接入控制电路中的动断触点,切断主电路,从而起到负荷保护作用。由于双金属片弯曲的速度与电流大小有关,电流越大时,弯曲的速度也越快,于是动作时间就短;反之,则时间就长,这种特性称为反时限特性。只要热继电器的整定值调整得恰当,就可以使电动机在温度超过允许值之前停止运转,避免因高温造成损坏。热继电器动作后,一般不能立即自动复位,要等一段时间,只有待双金属片冷却后,当电流恢复正常和双金属片复原后,再按复位按钮方可重新工作。热继电器动作电流值的大小可用调节旋钮进行调节。

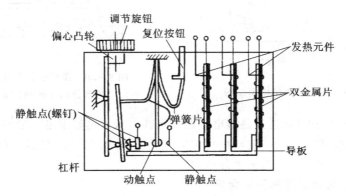

图 5-28 三相结构热继电器工作原理示意图

当电动机启动时,电流往往很大,但时间很短,热继电器不会影响电动机的正常启动。

(2) 具有断相保护能力的热继电器

用普通热继电器保护电动机时,若电动机是 Y 形接线,当线路发生有一相断电时,另外两相将发生过负荷。过负荷相电流将超过普通热继电器的动作电流,因线电流等于相电流,这种热继电器可以对此进行保护。但若电动机定子为△形接线,发生断相时,线电流可能达不到普通热继电器的动作值而使电动机绕组已过热,此时用普通的热继电器已经不能起到保护作用,必须采用带断相保护的热继电器。它利用各相电流不均衡的差动原理实现断相保护。

具有断相保护能力的热继电器的动作机构中有差分放大机构,这种差分放大机构在电动机断相运行时,对动作机构的移动有放大作用。差分放大机构如图 5-29 所示。

差分放大机构的放大工作原理可通过图 5-30 说明:当电动机正常运行时,由于三相双金属片均匀加热,因而整个差分机构向左移动,动作不能被放大;当电动机断相运行时,由于内导板被未加热的双金属片卡住而不能移动,外导板在另两相双金属片的驱动下向左移动,使杠杆绕支点转动将移动信号放大,这样使热继电器动作加速,提前切断电源。

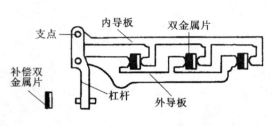
图5-29 差分放大机构示意图

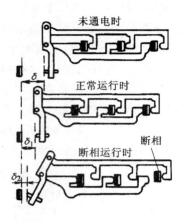
图5-30 断相运行与正常运行时差分机构的动作比较

由于差分放大作用,通过热继电器的电流在尚未到达整定电流之前就可以动作,从而达到断相保护的目的。电动机断相运行是造成大多数电动机烧毁的主要原因,因此对电动机断相保护的意义十分重大。

3. 热继电器参数与其型号含义

① 额定电压　指触点的电压值。

② 额定电流　指允许装入的热元件的最大额定电流值。

③ 热元件规格用电流值　指热元件允许长时间通过的最大电流值。

④ 热继电器的整定电流　指长期通过热元件又刚好使热继电器不动作的最大电流值。

⑤ 热继电器型号含义　热继电器其型号含义如下:

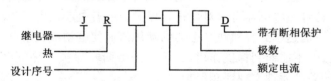

例如:JR16-20/3D,其含义是:"JR"表示电气型热继电器,"16"表示设计序号,"20"表示额定电流,"3"表示三相,"D"表示具有断相保护。

4. 热继电器选用

① 热继电器种类的选择:应根据被保护电动机的连接组别进行选择。当电动机星形连接时,选用两相或三相热继电器均可进行保护;当电动机三角形连接时,应选用三相差分放大机构的热继电器进行保护。

② 热继电器主要根据电动机的额定电流来确定其型号和使用范围。

③ 热继电器额定电压选用时要求额定电压大于或等于触点所在线路的额定电压。

④ 热继电器额定电流选用时要求额定电流大于或等于被保护电动机的额定电流。

⑤ 热元件规格用电流值选用时一般要求其电流规格小于或等于热继电器的额定电流。

⑥ 热继电器的整定电流要根据电动机的额定电流、工作方式等情况调整而定。一般情况下可按电动机额定电流值整定。

⑦ 对过负荷能力较差的电动机,可将热元件整定值调整到电动机的额定电流的 0.6～0.8 倍。对启动时间较长,拖动冲击性负荷或不允许停车的电动机,热元件的整定电流应调节到电动机额定电流的 1.1～1.15 倍。

⑧ 对于重复短时工作制的电动机(例如起重电动机等),由于电动机不断重复升温,热继电器双金属片的温升跟不上电动机绕组的温升变化,因而电动机将得不到可靠保护。因此,不宜采用双金属片式热继电器作过负荷保护。

热继电器的主要产品型号有:JR20、JRS1、JRO、JR10、JR14 和 JR15 等系列;引进产品有 T 系列、3UA 系列和 LR1-D 系列等。

5. 热继电器的安装

① 热继电器安装接线时,应清除触点表面污垢,以避免电路不通或因接触电阻加大而影响热继电器的动作特性。

② 如电动机启动时间过长或操作次数过于频繁,将会使热继电器误动作或烧坏热继电器,故这种情况一般不用热继电器作过负荷保护,如仍用热继电器,则应在热元件两端并接一副接触器或继电器的动断触点,待电动机启动完毕,使动断触点断开,热继电器再投入工作。

③ 热继电器周围介质的温度,原则上应和电动机周围介质的温度相同;否则,势必要破坏已调整好的配合情况。当热继电器与其他电器安装在一起时,应将它安装在其他电器的下方,以免其动作特性受到其他电器发热的影响。

④ 热继电器出线端的连接不宜过细,如连接导线过细,轴向导热性差,热继电器可能提前动作。反之,连接导线太粗,轴向导热快,热继电器可能滞后动作。在电动机启动或短时过负荷时,由于热元件的热惯性,热继电器不能立即动作,从而保证了电动机的正常工作。如果过负荷时间过长,超过一定时间(由整定电流的大小决定),热继电器的触点动作,切断电路,起到保护电动机的作用。

5.2.12 时间继电器

当继电器的感测机构接收到外界动作信号,经过一段时间延时后触点才动作的继电器,称为时间继电器。

时间继电器按动作原理可分为电磁式、空气阻尼式、电动式和电子式;按延时方式可分为通电延时和断电延时两种。图 5-31 所示为时间继电器的图形和文字符号。

1. 直流电磁式时间继电器

① 基本结构　在通用直流电压继电器的铁芯上安装一个阻尼圈后就制成了直流电磁式时间继电器,其结构如图 5-32 所示。

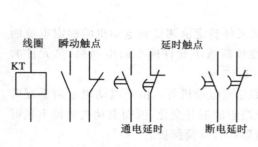

图 5-31　时间继电器的图形和文字符号　　图 5-32　直流电磁式时间继电器结构示意图

② 工作原理　直流电磁式时间继电器是利用电磁阻尼原理产生延时的。当线圈通电时,由于衔铁是释放的,动、静铁芯间气隙大,磁阻大,磁通变化小,铜套上产生的感应电流小,阻尼作用小,因此衔铁吸合延时不显著(可忽略不计)。当线圈失电时,磁通变化大,铜套上产生的感应电流大,阻尼作用大,使衔铁的释放延时显著。这种延时称为断电延时。由此可见,直流电磁式时间继电器适用于断电延时;对于通电延时,因为延时时间太短,没有多少现实意义。

直流电磁式时间继电器用在直流控制电路中,结构简单,使用寿命长,允许操作频率高。但延时时间短,准确度较低。

2. 空气阻尼式时间继电器

空气阻尼式时间继电器也称为空气式时间继电器或气囊式时间继电器。

(1) 空气阻尼式时间继电器的结构

电磁系统由电磁线圈、静铁芯、动铁芯、反作用弹簧和弹簧片组成;工作触点由两对瞬时触点(一对瞬时闭合,一对瞬时分断)和两对延时触点组成;气囊主要由橡皮膜、活塞和壳体组成,橡皮膜和活塞可随气室进气量移动,气室上的调节螺钉用来调节气室进气速度的大小以调节延时时间;传动机构由杠杆、推杆、推板和塔形弹簧等组成。图 5-33 所示为空气阻尼式时间继电器外形图。

(2) 工作原理

如图 5-34 所示,当线圈通电后衔铁吸合,活塞杆在塔形弹簧作用下带动活塞及橡皮膜向上移动,橡皮膜下方空气室空气变得稀薄而形成负压,活塞杆只能缓慢移动,其移动速度由进气孔气隙大小来决定。经过一段时间延时后,活塞杆通过杠杆压动微动开关使其动作,达到延时的目的。当线圈断电时,衔铁释放,橡皮膜下方空气室的空气通过活塞肩部所形成的单向阀迅速排放,使活塞杆、杠杆、微动开关迅速复位。通过调节进气孔气隙大小可改变延时时间的长短。通过改变电磁机构在继电器上的安装方向可以获得不同的延时方式。

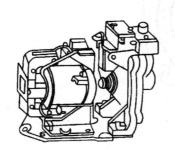

图 5-33 空气阻尼式时间继电器外形图　　图 5-34 空气阻尼式时间继电器工作原理图

空气阻尼式时间继电器的动作过程有断电延时和通电延时两种。

① 断电延时　断电延时时间继电器当电路通电后,电磁线圈的静铁芯产生磁场力,使衔铁克服反作用弹簧的弹力被吸合,与衔铁相连的推板向右运动,推动推杆,压缩宝塔弹簧,使气室内橡皮膜和活塞缓慢向右移动,通过弹簧片使瞬时触点动作,同时也通过杠杆使延时触点作好动作准备。线圈断电后,衔铁在反作用弹簧的作用下被释放,瞬时触点复位,杠杆在宝塔弹簧作用下,带动橡皮膜和活塞缓慢向左移动,经过一段时间后,推杆和活塞移动到最左端,使延时触点动作,完成延时过程。

② 通电延时　只需将断开延时时间继电器的电磁线圈部分旋转 180°安装,即可改装成通电延时时间继电器。其工作原理与断电延时原理基本相同。

空气延时时间继电器的结构简单、价格低廉,广泛用于电动机控制等电路中,只能用于对延时要求不太高的场合。

空气阻尼式时间继电器的特点是:延时精度低且受周围环境影响较大,但延时时间长、价格低廉、整定方便,它延时精度较低,主要用于延时精度要求不高的场合。主要型号有 JS7、JS16 和 JS23 等。

3. 电动式时间继电器

① 结构　电动式时间继电器是利用小型同步电动机带动减速齿轮而获得延时的。它是由同步电动机、离合电磁铁、减速齿轮、差动游丝、触点系统和推动延时触点脱扣的凸轮等组成,其外形和结构如图 5-35(a)、(b)所示。

② **工作原理** 当接通电源后,齿轮空转。需要延时时,再接通离合电磁铁,齿轮带动凸轮转动,经过一定时间,凸轮推动脱扣机构使延时触点动作,同时其动断触点同步电动机和离合电磁铁的电源等所有机构在复位游丝的作用下返回原来位置,为下次动作做好准备,其工作原理如图 5-35(c)所示。

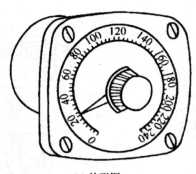

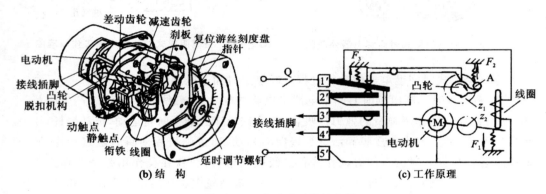

图 5-35 电动式时间继电器

延时的长短可以通过改变指针在刻度盘上的位置进行调整。这种延时继电器定时精度高,调节方便,延时范围很大,且误差较小,可以从几秒到几小时。延时时间不受电源电压与环境温度变化的影响,但因同步电动机的转速与电源频率成正比,所以当电源频率降低时,延时时间加长,反之则缩短。这种延时继电器的缺点是结构复杂,价格较贵,齿轮容易磨损,受电源频率影响较大,不适于频繁操作的电路控制。

常用电动式时间继电器的型号有 JS11 系列和 JS-10 和 JS-17 等。

4. 电子式时间继电器

电子式时间继电器主要利用电子电路来实现传统时间继电器的时间控制作用,可用于电力传动、生产过程自动控制等系统中。它具有延时范围广、精度高、体积小、消耗功率小、耐冲击、返回时间短、调节方便、使用寿命长等优点,所以多应用在传统的时间继电器不能满足要求的场合,要求延时的精度较高时或控制回路相互协调需要无触点输出时多用电子式时间继电器。目前在自动控制系统中的使用十分广泛。

① 结构　电子式时间继电器所有元件装在印制电路板上,JS14系列时间继电器采用场效应晶体管电路和单结晶体管电路进行延时。图5-36所示为其外形和接线图。

② 电子式时间继电器工作原理　电子式时间继电器的种类很多,通常按电路组成原理可分为阻容式和数字式两种。

1) 阻容式晶体管时间继电器基本原理是利用RC积分电路中电容的端电压在接通电源之后逐

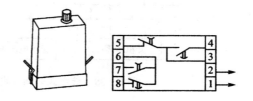

图5-36　JS14电子式时间继电器外形和接线图

渐上升的特性获得的。电源接通后,经变压器降压后整流、滤波、稳压,提供延时电路所需的直流电压。从接通电源开始,稳压电源经定时器的电阻向电容充电,经过一定时间充电至某电位,使触发器翻转,控制继电器动作,为继电器触点提供所需的延时,同时断开电源,为下一次动作做准备。调节电位器电阻即可改变延时时间的大小,图5-37为其原理框图。

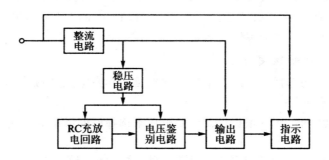

图5-37　阻容式晶体管时间继电器电路原理框图

常用的阻容式晶体管时间继电器为JS20系列,其延时时间可在1～900 s之间可调。

2) 数字式时间继电器主要是利用对标准频率的脉冲进行分频和计数,并作为电路的延时环节,使延时性能大大增强,而且其内部可采用先进的微电子电路及单片机等新技术,使得它具有更多优点,其延时时间长、精度高、延时类型多,各种工作状态可直观显示等,常用的数字式时间继电器有ST3P、ST6P等系列,其延时时间可在0.1 s～24 h间可调。电路组成如图5-38所示。

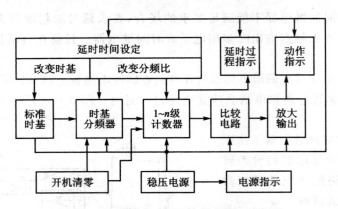

图 5-38 数字式时间继电器电路组成框图

5. 时间继电器的型号含义

时间继电器的型号含义如下：

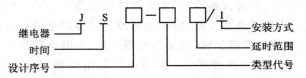

例如：JS23-12/1，其含义是："JS"表示继电器型时间继电器，"23"表示设计序号，12中的"1"表示触点形式及组合序号为1，12中的"2"表示延时范围为10～180 s，"1"表示安装方式为螺钉安装式。

6. 时间继电器选用方法

① 延时方式的选择　时间继电器有通电延时和断电延时两种，应根据控制线路的要求来选择延时方式。

② 线圈电压的选择　根据控制线路电压来选择时间继电器的线圈电压。

5.3　思考与练习

1. 如何选用熔断器、热继电器和交流接触器？
2. 交流接触器的常见故障现象有哪些？是何原因？如何排除？
3. 如何拆卸交流接触器？
4. 在电动机线路中，为什么安装了熔断器还要安装热继电器？

第6章 三相异步电动机控制电路的安装、调试与维修

6.1 三相异步电动机

电机分为电动机和发电机，是实现电能和机械能相互转换的装置。对使用者来讲，广泛接触的是各类电动机，最常见的是交流电动机。交流电动机，尤其是三相交流异步电动机，具有结构简单、制造方便、价格低廉、运行可靠、维修方便等一系列优点。因此，广泛应用于工农业生产、交通运输、国防工业和日常生活等许多方面。

6.1.1 三相异步电动机的结构

图6-1为三相异步电动机的外形。异步电动机主要由定子和转子两大部分组成，另外还有端盖、轴承及风扇等部件，如图6-2所示。

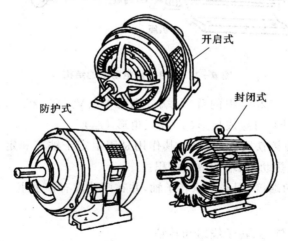

图6-1 三相异步电动机的外形

1. 定子

异步电动机的定子由定子铁芯、定子绕组和机座等组成。

① 定子铁芯是电动机的磁路部分，一般由厚度为0.5 mm的硅钢片叠成，其内圆冲成均匀分布的槽，槽内嵌入三相定子绕组，绕组和铁芯之间有良好的绝缘。

② 定子绕组是电动机的电路部分，由三相对称绕组组成，并按一定的空间角度

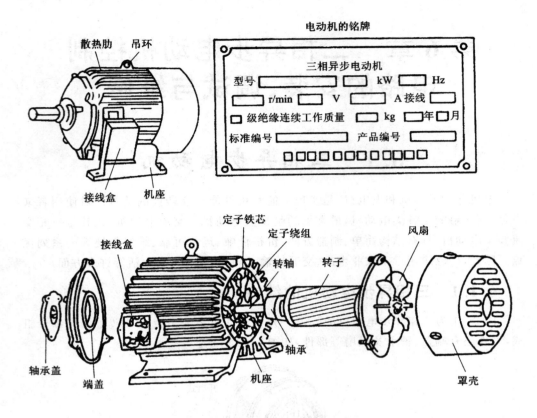

图 6-2 三相异步电动机的结构

依次嵌入定子槽内,三相绕组的首、尾端分别为 U_1、V_1、W_1 和 U_2、V_2、W_2。接线方式根据电源电压不同,可接成星形(Y)或三角形(△)。

③ 机座一般由铸铁或铸钢制成,其作用是固定定子铁芯和定子绕组,封闭式电动机外表面还有散热肋,以增加散热面积。

④ 机座两端的端盖,用来支承转子轴,并在两端设有轴承座。

2. 转子

转子包括转子铁芯、转子绕组和转轴。

① 转子铁芯是由厚度为 0.5 mm 的硅钢片叠成,压装在转轴上,外圆周围冲有槽,一般为斜槽,并嵌入转子导体。

② 转子绕组有笼型和绕线型两种。笼型转子绕组一般用铝浇入转子铁芯的槽内,并将两个端环与冷却用的风扇翼浇铸在一起;而绕线型转子绕组和定子绕组相似,三相绕组一般接成星形,三个出线头通过转轴内孔分别接到三个铜制集电环上,而每个集电环上都有一组电刷,通过电刷使转子绕组与变阻器接通来改善电动机的启动性能或调节转速。

6.1.2 三相异步电动机的工作原理

如图 6-3 所示,当异步电动机定子三相绕组中通入对称的三相交流电时,在定子和转子的气隙中形成一个随三相电流的变化而旋转的磁场,其旋转磁场的方向与三相定子绕组中电流的相序相一致,三相定子绕组中电流的相序发生改变,旋转磁场的方向也跟着发生改变。对于 p 对极的三相交流绕组,旋转磁场每分钟的转速与电流频率的关系为

$$n = 60f/p$$

式中: n——旋转磁场每分钟的转速,即同步转速(r/min);

f——定子电流的频率(我国规定为 $f=50$ Hz);

p——旋转磁场的磁极对数。

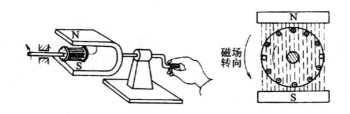

图 6-3 三相异步电动机的原理

如当 $p=2$(4极)时, $n=(60\times 50/2)$ r/min$=1\,500$ r/min。

该磁场切割转子导体,在转子导体中产生感应电动势(感应电动势的方向用右手定则判断)。由于转子导体通过端环相互连接形成闭合回路,所以在导体中产生感应电流。在旋转磁场和转子感应电流的相互作用下产生电磁力(电磁力方向用左手定则判断),因此,转子在电力的作用下沿着旋转磁场的方向旋转,转子的旋转方向与旋转磁场的旋转方向一致。

6.1.3 三相异步电动机的铭牌

三相异步电动机的铭牌如表 6-1 所列。

表 6-1 三相异步电动机的铭牌

项 目	三相异步电动机		
	型号 Y2-132S-4	功率 5.5 kW	电流 11.7 A
频率 50 Hz	电压 380 V	接法 △	转速 1 440 r/min
防护等级 IP44	质量 68 kg	工作制 S1	F 级绝缘
××电机厂			

① 型号　表示电动机的机座形式和转子类型。国产异步电动机的型号用 Y（Y_2）、YR、YZR、YB、YQB、YD 等汉语拼音字母来表示。其含义为：

　　Y——笼型异步电动机(容量为 0.55~90 kW)。

　　YR——绕线转子异步电动机(容量为 250~2 500 kW)。

　　YZR——起重机上用的绕线转子异步电动机。

　　YB——防爆式异步电动机。

　　YQB——浅水排灌异步电动机。

　　YD——多速异步电动机。

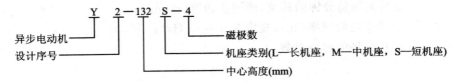

② 功率(P_N)　表示在额定运行时，电动机轴上输出的机械功率(kW)。

③ 电压(U_N)　在额定运行时，定子绕组端应加的线电压值，一般为 220V/380V。

④ 电流(I_N)　在额定运行时，定子的线电流(A)。

⑤ 接法　指电动机定子三相绕组接入电源的连接方式。

⑥ 转速(n)　即额定运行时的电动机转速。

⑦ 功率因数($\cos \varphi$)　指电动机输出额定功率时的功率因数，一般为 0.75~0.90。

⑧ 效率(η)　电动机满载时输出的机械功率 P_2 与输入的电功率 P_1 之比，即 $\eta = P_2/P_1 \times 100\%$。其中 $P_1 - P_2 = \Delta P$。ΔP 表示电动机的内部损耗(铜损、铁损和机械损耗)。

⑨ 防护形式　电动机的防护形式由 IP 和两个阿拉伯数字表示，数字代表防护形式(如防尘、防溅)的等级。

⑩ 温升　电动机在额定负荷下运行时，自身温度高于环境温度的允许值。如允许温升为 80 ℃，周围环境温度为 35 ℃，则电动机所允许达到的最高温度为 115 ℃。

⑪ 绝缘等级　是由电动机内部所使用的绝缘材料决定的，它规定了电动机绕组和其他绝缘材料可承受的允许温度。目前 Y 系列电动机大多数采用 B 级绝缘，B 级绝缘的最高允许温度为 130 ℃；高压和大容量电动机采用 H 级绝缘，H 级绝缘最高允许工作温度为 180 ℃。

⑫ 运行方式　有连续、短时和间歇三种，分别用 S_1、S_2、S_3 表示。

电动机接线前首先要用兆欧表检查电动机的绝缘。额定电压在 1 000 V 以下的，绝缘电阻不应低于 0.5 MΩ。

6.1.4 三相异步电动机的接线

三相异步电动机的接线主要是指接线盒内的接线。电动机的定子绕组是三相异步电动机的电路部分,由三相对称绕组组成,三个绕组按一定的空间角度依次嵌放在定子槽内。三相绕组的首端分别用 U1(D1)、V1(D2)、W1(D3) 表示,尾端对应用 U2(D4)、V2(D5)、W2(D6) 表示。为了便于变换接法,三相绕组的六个线头都引到电动机的接线盒内,如图 6-4 所示。

根据电源电压的不同和电动机铭牌的要求,电动机三相定子绕组可以接成星形(Y)或三角形(△)两种形式。

三角形(△)连接:将第一相的尾端 U2 接第二相的首端 V1,第二相的尾端 V2 接第三相的首端 W1,第三相的尾端 W2 接第一相的首端 U1,然后将三个接点分别接三相电源,如图 6-5 所示。

星形(Y)连接:将三相绕组的尾端 U2、V2、W2 接在一起,首端 U1、V1、W1 分别接到三相电源,如图 6-6 所示。

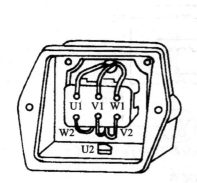
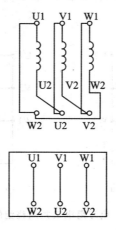
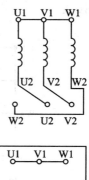

图 6-4　电动机的接线盒　　　图 6-5　三角形(△)接法　　　图 6-6　星形(Y)接法

6.1.5 电动机定子绕组首、尾端的判别

1. 用干电池和万用电表判别首、尾端

(1) 判别三个绕组各自的首、尾端

把万用电表调到电阻挡,根据电阻的大小可分清哪两个线端属于同相绕组,同一相绕组的电阻很小。

(2) 判别其中两相绕组的首、尾端

先把万用电表调到直流电流最小挡位,再把任意一相绕组的两个线端接到万用电表上并指定接表"+"端的为该相绕组的首端,接表"-"端的为尾端。然后将另外任意一相绕组的两个线端分别接一干电池的"+"和"−"极,如图6-7所示。若干电池接通瞬间,万用电表表针正偏转,则与电池"+"极相接的线端为绕组的尾端,另一端为首端。若表针反偏转,则该相绕组的首、尾端与上述相反。

(3) 判别最后一相绕组的首、尾端

按前面万用电表所接的这相绕组不动,将剩下的一相绕组的两个线端分别去接干电池的"+"和"−"极,用上述相同的方法即可判断出最后一相绕组的首、尾端。

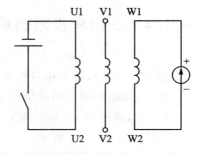

图6-7 绕组首、尾端的判别

2. 单独用万用电表判别首、尾端

① 先将万用电表调到电阻挡,根据电阻的大小可分清哪两个线端属于同相绕组。

② 然后将万用电表调到直流电流最小挡位,并将电动机三相绕组接成图6-8所示接线。

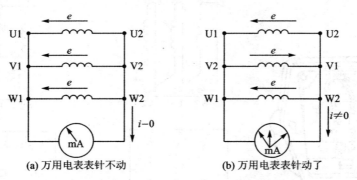

图6-8 用万用电表判别绕组的首尾端

③ 再用手用力朝某一方向转动电动机的转子,若此刻万用电表的表针不动,如图6-8(a)所示,则说明三相绕组首尾端的区分是正确的;若表针瞬间动了,如图6-8(b)所示,则说明有一相绕组的首尾接反了。要一相一相地分别对调后重新试验,一直到表针不动为止。

这种方法是利用转子铁芯中的剩磁,在定子三相绕组中感应出电动势和三相对称电动势之和等于零的原理进行的。

6.2 控制电路的制图原则和安装步骤

电动机控制电路按功能可分为主电路和辅助电路。主电路包括电源开关、主熔断器、热继电器的热元件、接触器的主触点、电动机的定子绕组等电气元件。主电路一般通过的电流比较大,但结构变化不大。除主电路以外,还有控制回路和辅助电路。控制回路主要作用是通过主电路对电动机实施一系列的控制。辅助电路主要起信号和指示作用。控制回路和辅助电路中的电流一般在 5 A 以下,所使用的电气元器件随控制要求不同而有很大的变化,电路的结构也随控制要求不同而千变万化。

根据不同的需要,电动机控制电路可以比较简单,也可以非常复杂。但是,任何复杂的控制电路总是由一些比较简单的环节和电器有机的组合在一起的。因此,掌握常用环节控制电路的安装与接线就非常重要,掌握控制电路图的制图原则是第一步。

6.2.1 控制电路图

控制电路的常用表示方法主要有三种,即电路结构图、电路原理图和电路接线图,掌握其基本制图原则,将会大大有助于人们的安装接线和维护检修等项工作。

1. 结构图

在电路结构图中,一般将控制电路中各个电器元件按实际位置画出,属同一电器元件的各部件都集中在一起,同时将各种电器都形象地表示出来,所以结构图可以清楚地反映整个电路的结构和位置。图 6-9 所示是某车床电气控制电路的部分结构图。

结构图比较容易看懂,但电路的控制功能却不直观,特别是当控制电路比较复杂时,就更不容易分析其工作原理了。因为同一电器元件的各部件在结构上虽然连在一起,但在电路上并不一定相互关联。所以,在分析电路的工作原理时,常采用电路原理图。

2. 原理图

电路原理图是电气图中最基本、最重要、最常用的一种。电路原理图是根据电路的工作原理而绘制,能充分表达电器和设备的用途、作用和工作原理,给电路的安装和调试等提供了一定的依据。电路原理图是采用国家规定的各种图形符号和文字符号,并按一定工作顺序排列,能详细表示整个电路和设备、器件基本组成和连接关系,而不考虑其实际位置的图。

原理图基本的制图基本原则是:

1) 根据方便阅读和分析的原则,按规定的标准图形符号、文字符号和回路标号绘制。

2) 相关功能的电器元件应尽可能安排在一起。同一电器元件的各个部件,按其在电路中所起的作用图形符号可以不画在一起,但代表同一元件的文字符号必须相同。

3) 图中所有电器元件的触点,应该是没通电或没有外力作用时的状态,触点符号一般画成左开右闭或上闭下开的形式。

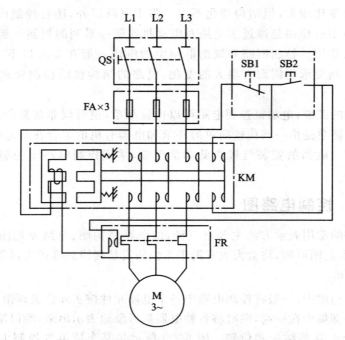

图 6-9 某车床电气控制电路的部分结构示意图

4) 应该将主电路、辅助电路分开画出。

① 主电路中的电源电路一般应将水平线相线 L1、L2、L3 由上而下排列画出,中线 N 画在相线之下。

② 主电路应垂直电源电路,一般画在整个电路的左边。辅助电路的控制回路、信号回路分开画在主电路的右边。

③ 控制回路和信号回路应垂直画在两条水平的电源电路线之间,控制和信号元件(接触器线圈、信号灯等)应直接连接在两条水平电源线上,控制触点连接在上方水平线与控制和信号元器件之间。

5) 用导线直接连接的互连端子应采用相同的线号,互连端子的符号应与器件端子的符号有所区别。

6) 原理图要清晰直观,应尽可能减少线条和避免线条的交叉。电路应按动作的顺序从上而下、从左到右进行绘制。

7) 电路的连接点可用符号"实心圆点"表示。而电路的交接点和需要拆、接外部引出线等端子可用符号"空心圆"表示。图 6-10 所示是某车床电气控制电路的部分原理图。

3. 接线图(安装图)

电路接线图是根据电气设备和电器元件的实际位置和安装情况画出的,以表示电气设备和电器元件之间的接线关系。主要用于设备的安装接线和电路检修、故障

第6章 三相异步电动机控制电路的安装、调试与维修

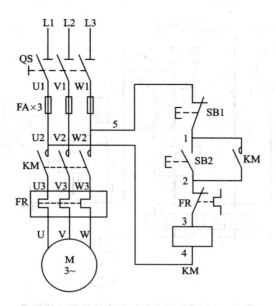

图 6-10 某车床电气控制电路的部分原理图

处理等。电路接线图应根据电路原理图和有关的接线技术要求绘制和配合使用。

接线图基本的制图原则是：

① 在接线图中,电气设备和各电器元件的相对位置应该与实际安装的相对位置一致。

② 电气设备和各电器元件的图形符号、文字符号和接线的编号应与原理图一致。属于同一电器的触点、线圈及有关的安装部分应画在一起,并用细线框起。电气设备和各电器元件的接线端号和接线端的相对位置也应与实际物一致。

③ 多条成束的接线可用一条实线来表示。接线很多时,可在电器元件的接线端子注明接线的线号和去向,不必将全部接线画出。图 6-11 所示是某车床电气控制电路的部分安装接线图。对比图 6-9 和图 6-11 可知,电路的结构图和接线图有相似之处。比如在接线图中同一电器的各部件也都画在一起,并表示出各电器的相对位置。所不同的是,接线图着重表示控制电路的具体连接方案。在接线图中,必须清楚地画出各电器的位置和相互间的连接。接线图主要用于设备安装和检查电路故障。

4. 平面布置图

平面布置图是用来显示主要设备和元器件的空间位置和布置状况,如图 6-12 所示。

基本的制图原则是：布局合理、结构紧凑、排列整齐、方便接线、便于操作与维修。

① 必须根据控制板的平面尺寸和元器件的外形尺寸合理布局。

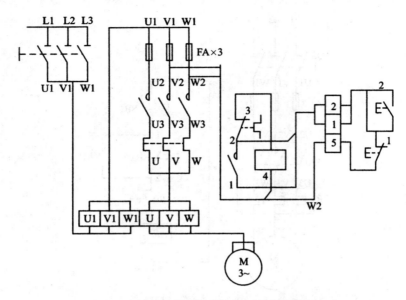

图 6-11 某车床电气控制电路的部分接线图

② 发热元件之间便于散热,相距不得小于 10 mm。

③ 结构设计必须符合配线的基本规定。

④ 元器件的固定必须适度牢靠。

⑤ 在元器件排列中应考虑自然因素、操作因素及对称性、习惯性和美观性。

5. 原理图的识图

读图就是对电路图的阅读、理解和识别。电路图的种类很多,对各种电路图的读图要求和目的各有侧重。因此,读图方法和步骤也不尽相同,要有一定的制图基本知识和相应的专业知识。下面以原理图的识图为例进行介绍。

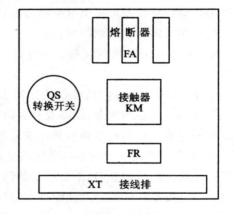

图 6-12 某车床电气控制电路的部分平面布置图

原理图是电路图中使用最多的一种,是学习电工电子技术读图的基础。读图时一般步骤如下:

第一,先查看主回路。通过电路电器图形和文字符号的识别和分析了解各元器件和设备的类型、参数、作用以及它们之间的联系。

第二,查看控制回路。分析各元器件作用、原理和相互间的联系。

第三,查看辅助电路。了解各种指示和信号的作用和意义。

第四,综合上述步骤,了解整个电路的作用原理和控制过程。

6.2.2 控制电路的安装步骤

1. 安装电动机控制电路时应遵循的步骤和方法

1)查电气原理图、平面布置图、安装接线图有无漏错,是否相符。了解供电的方式。

2)查元器件、材料、仪表及工具清单是否与电气原理图、平面布置图、安装接线图的技术要求相一致。

3)查电器元件的外观、数量、质量和性能:

① 查元器件的外观有无损坏,各触点和紧固点是否完整无缺(包括紧固件的数量)。

② 查接触器、时间继电器线圈的额定电压是否与控制工作电压相一致。

③ 查漏电保护器、热继电器和接触器主触点的额定电流是否与电动机的额定电流相适应。

④ 查漏电保护器、接触器、按钮、时间继电器等动作是否灵活,有无卡阻现象。

⑤ 查漏电保护器、接触器、时间继电器、热继电器及按钮的各个触点是否良好;热继电器的双金属片、熔断器的熔芯是否导通;接触器、时间继电器线圈的电阻值是否正常。

⑥ 查时间继电器的延时时间是否符合要求,热继电器的整定电流能否符合电动机的技术要求。

4)根据平面布置图规定的位置定位,安装固定好每一个电器元件。

所有电器元件要尽可能安装在一起,布局紧凑、间隔合理、固定牢固。还必须便于更换、检测方便。只有那些必须安装在特定位置上的元器件,才允许分散安装在指定的位置。

5)根据原理图或接线图的线号顺序进行布线,布线接线一定要牢固可靠,走线整齐规范。

6)通电前检查:

① 先检查各个元器件代号、标记是否与接线图、原理图和平面布置图上的一致和齐全。

② 再用万用电表等仪表检测各电器元件和电路是否正常。一般先检查主回路,再检查控制回路和辅助电路。

7)检查电源进线和电动机接线、接地线、接零线是否符合要求。

8)进行空载实验:通电后应先点动,然后认真观察和验证各控制电器元件的动作是否正常。若有异常情况出现,应立即切断电源进行检查和处理。

9)进行带负载试机:只有在空载实验全部正常后方可进行带负载试机,验证整个电路安装接线的正确性。

2. 安装控制电路时应注意的几个问题

(1) 训练中常见的问题

1) 定位不准确、操作不规范：

① 在元器件安装时仅凭肉眼进行判断，不会利用钢尺和铅笔画线布局，造成元器件排列歪七扭八（见图 6-13），使组装很不规范，很不美观。而且有的元器件只上一两个螺钉固定，不符合规定要求，存在一定的隐患。

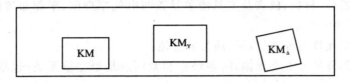

图 6-13 安装的不规范

② 由于操作不规范，导致排线、走线未能紧贴盘面或元件。排线分布不均匀，拐角不成 90°及导线多层密排，重叠交叉等现象，看起来很不美观。

2) 线号及连线并点：图形符号、文字符号、线路编号是工程交流的语言，国际上有统一的规定和要求。在线号问题上：

① 在查线时再标上线路编号已失去线号的作用和意义。

② 线路编号应保持一致性，即线号长 8 mm，方向一致，不能倒置。

③ 漏套、漏号、重号现象时有发生。

在连线并点问题上：

有不合理现象，元器件节点和接线端子上有三个以上节点共点现象。

(2) 主电路中的问题

1) 热继电器未采用线电流保护。

2) 主电路三相电源出现短路。

① KM_Y 接触器主触点进线位置接错，造成三相电源通过 Y 形接点短路（漏电保护器）动作。

② KM_Y 及 $KM_\triangle$ 接触器同时动作，三相电源短路（漏电保护器动作）。

3) 主电路调相错误，使电动机绕组不能产生旋转磁场，电动机星形连接试车失败。

(3) 控制电路中的问题

1) 控制电路接线错误，造成接线不通或两相电源短路（熔断器熔断）。

2) 熔断器接线不牢或熔断器熔丝选错。

3) 控制电路辅助触点进出线未按图纸接线造成控制失常。

4) 热继电器常闭触点在检查时处于断开状态，用导线连通，使其失去过载保护作用。

5) 按钮开关留线长度不足，打开盒盖后造成线头脱落，按钮颜色选择不符合要求。

6）热继电器的整定电流未按电动机的额定工作电流调整。

7）常闭和常开触点选择错误。

(4) 静电检查与动电检查

在安装接线完毕后,必须用万用表进行静电检查。检查正确后,方能进行通电检查。

6.3 电气控制线路故障检查方法

正确分析和妥善处理机床设备电气控制线路中出现的故障,首先要检查产生故障的部位和原因。本节将重点介绍故障查询法、通电检查法、断电检查法、电阻检查法和电压检查法五种基本故障检查方法。

6.3.1 故障查询法

生产机床和机械设备虽然进行了日常维护保养,降低了电气故障的发生率,但是在运行中还是难免发生各种大小故障,严重的还会引起事故。这些故障主要分为两大类:一类是有明显的外部特征,例如电动机、变压器、电磁铁线圈过热冒烟;在排除这类故障时,除了更换损坏了的电机、电器之外,还必须找出和排除造成上述故障的原因。另一类故障是没有外部特征的,例如在控制电路中,由于电器元件调整不当、动作失灵、小零件损坏、导线断裂和开关击穿等原因引起的;这类故障在机床电路中经常碰到,由于没有外部特征,通常需要用较多的时间去寻找故障的部位,有时还需运用各类测量仪表才能找出故障点,方能进行调整和修复,使电气设备恢复正常运行。因此,掌握正确的检修方法就显得尤其重要。下面介绍电气故障发生后的一般分析和检查方法。

检修前要进行故障调查。当机床或机械设备发生电气故障后,切忌再通电试车和盲目动手检修。在检修前,通过观察法了解故障前后的操作情况和故障发生后出现的异常现象,以便根据故障现象判断出故障发生的部位,进而准确地排除故障。

6.3.2 通电检查法

通电检查法是指机床和机械设备发生电气故障后,根据故障的性质,在条件允许的情况下,通电检查故障发生的部位和原因。

1. 通电检查要求

在通电检查时,必须注意人身和设备的安全。要遵守安全操作规程,不得随意触动带电部分,要尽可能切断主电路电源,只在控制电路带电的情况下进行检查;如需电动机运转,则应使电动机与机械传动部分脱开,使电动机在空载下运行,这样既减小了试验电流,也可避免机械设备的运动部分发生误动作和碰撞,以免故障扩大。在检修时应预先充分估计到局部线路动作后可能发生的不良后果。

2. 测量方法及注意事项

在通电检查时,用测量法确定故障是维修电工工作中用来准确确定故障点的一种行之有效的检查方法。常用的测量工具和仪表有验电笔、校验灯、万用表、钳形电流表等,主要通过对电路进行带电或断电时的有关参数(如电压、电阻、电流等)的测量,来判断电器元件的好坏、设备的绝缘情况以及线路的通断情况。随着科学技术的发展,测量手段也在不断更新。例如,在晶闸管—电动机自动调速系统中,利用示波器来观察晶闸管整流装置的输出波形、触发电路的脉冲波形,就能很快判断出系统的故障位置。

在用测量法检查故障点时,一定要保证各种测量工具和仪表完好,使用方法正确,尤其要注意防止感应电、回路电及其他并联电路的影响,以免产生误判断。

3. 通电法

在检查故障时,经外观检查未发现故障点,可根据故障现象,结合电路图分析可能出现的故障部位,在不扩大故障范围、不损伤电器和机床设备的前提下,进行直接通电试验,以分清故障可能是在电气部分还是在机械等其他部分,是在电动机上还是在控制设备上,是在主电路上还是在控制电路上。一般情况下先检查控制电路,具体做法是:操作某一只按钮或控制开关时,发现动作不正确,即说明该电器元件或相关电路有问题。再在此电路中进行逐项分析和检查,一般便可发现故障点。待控制电路的故障排除恢复正常后,再接通主电路,检查控制电路对主电路的控制效果,观察主电路的工作情况是否正常等。

4. 故障判别具体方法

(1) 校验灯法

用校验灯检查故障的方法有两种,一种是380 V的控制电路,另一种是经过变压器降压的控制电路。对于不同的控制电路所使用的校验灯应有所区别,具体判别方法如图6-14所示。首先将校验灯的一端接在低电位处,再用另外一端分别碰触需要判断的各点。如果灯亮,则说明电路正常;如果灯不亮,则说明电路有故障。对于380 V的控制电路应选用220 V的白炽灯,低电位端应接在零线上。

如图6-15所示,对于降压后的控制电路应选用高于电路电压的白炽灯,校验灯一端应接在被测的对应电源端,再用另外一端分别碰触需要判断的各点。

(2) 验电笔法

用验电笔检查电路故障的优点是安全、灵活、方便;缺点是受电压限制,并与具体电路结构有关(如变压器输出端是否接地等)。因此,测试结果不是很准确。另外,有时电器元件触头烧断,但是因有爬弧,用验电笔测试,仍然发光,而且亮度还较强,这样也会造成判断错误。用验电笔检查电路故障的方法如图6-16和图6-17所示。

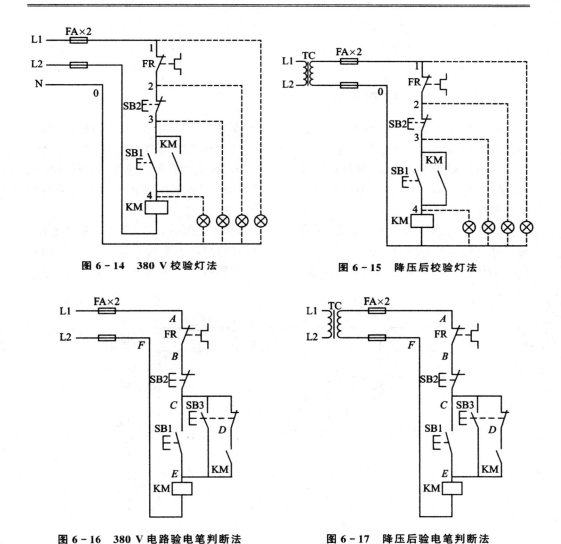

图 6-14 380 V 校验灯法　　　　　图 6-15 降压后校验灯法

图 6-16 380 V 电路验电笔判断法　　图 6-17 降压后验电笔判断法

在图 6-16 中,如果按下 SB1 或 SB3 后,接触器 KM 不吸合,遇到这种情况可以用验电笔从 A 点开始依次检测 B、C、D、E 和 F 点,观察电笔是否发光,且亮度是否相同。如果在检查过程中发现某点发光变暗,则说明被测点以前的元件或导线有问题。停电后仔细检查,直到查出问题消除故障为止。但是,在检查过程中有时还会发现各点都亮,而且亮度都一样,接触器也没问题,就是不吸合,原因可能是启动按钮 SB1 本身触头有问题,致使不能导通;也可能是 SB2 或 FR 常闭触头断路,电弧将两个静触头导通或因绝缘部分被击穿使两触头导通,遇到这类情况就必须用电压表进行检查。

图 6-17 是经变压器降压后供给控制电路电源的,有时变压器二次不接地,用验电笔不能有效地检测故障点,所以,用验电笔检查这种供电线路故障是具有局限性的。

6.3.3 断电检查法

断电检查法是将被检修的电气设备完全(或部分)与外部电源切断后进行检修的方法。采取断电检查法检修设备故障是一种比较安全的常用检修方法。这种方法主要针对有明显的外表特征,容易被发现的电气故障,或者为避免故障未排除前通电试车,造成短路、漏电,再一次损坏电器元件,扩大故障、损坏机床设备等后果所采用的一种检修方法。

使用好这种检修方法除了要了解机床的用途和工艺要求、加工范围和操作程序、电气线路的工作原理外,还要靠敏锐的观察、准确的分析、精准的测量、正确的判断和熟练的操作。在机床电气设备发生故障后,进行检修时应注意以下问题(以图 6-18 为例进行分析)。

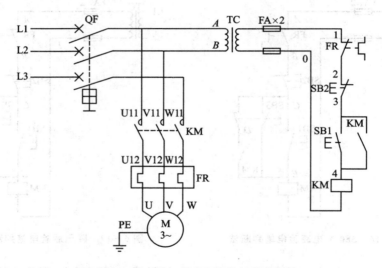

图 6-18 单向启动自锁控制线路图

1. 机床设备发生短路故障

故障发生后,除了询问操作者短路故障的部位和现象外还要自己去仔细观察。如果未发现故障部位,就需要用兆欧表分步检查(不能用万用表,因万用表中干电池电压只有几伏),在检查主电路接触器 KM 上口部分的导线和开关是否短路时,应将图 6-18 中 A 或 B 点断开,否则会因变压器一次线圈的导通而造成误判断。

在检查主电路接触器 KM 下口部分的导线和开关是否短路时,也应在端子板处将电动机三根电源线拆下,否则也会因为电动机三相绕组的导通影响判断的准确性。

如果检查控制线路中是否存在短路故障,就应将熔断器 FA 中的一个拆下,以免影响测量结果。

2. 按下启动按钮 SB1 后电动机不转

检查电动机不转的原因应从两方面进行检查分析:一方面是当按下启动按钮 SB1 后接触器 KM 是否吸合,如果不吸合应当首先检查电源和控制线路部分;如果按下启动按钮 SB1 后接触器 KM 吸合而电动机不转,则应检查电源和主电路部分。有些机床设备出现故障是因机械原因造成的,但是从反映出的现象来看却好像是电气故障,这就需要电气维修人员遇到具体情况一定要头脑清醒地对待检修工作中的问题。

断电检查法除了以上介绍的有关方面应注意的问题外,在具体操作过程中还应根据故障的性质,采用合理的处理方法。有时发现变压器在使用过程中冒烟,在处理这类故障时,应首先判别出造成故障的原因,是由于电气线路造成的,还是由于变压器本身造成的。对于这类故障就不能采用通电检查法,而只能采用断电检查法。

6.3.4 电压检查法

电压检查法是利用电压表或万用表的交流电压挡对线路进行带电测量,是查找故障点的有效方法。电压检查法有电压分阶测量法(见图 6-19)和电压分段测量法(见图 6-20)。

1. 电压分阶测量法

测量检查时,首先把万用表的转换开关置于交流电压 500 V 的挡位上,然后按如图 6-19 所示的方法进行测量。

断开主电路,接通控制电路的电源。若按下启动按钮 SB1 或 SB3 时,接触器 KM 不吸合,则说明控制电路有故障。

检测时,需要两人配合进行。一人先用万用表测量 0 和 1 两点之间的电压。若电压为 380 V,则说明控制电路的电源电压正常。然后由另一人按下 SB1 不放,一人用黑表棒接到 0 点上,用红表棒依次接到 2、3、4、5 各点上,分别测量出 0~2、0~3、0~4、0~5 两点间的电压,根据测量结果即可找出故障点。

2. 电压分段测量法

测量检查时,把万用表的转换开关置于交流电压 500 V 的挡位上,按如图 6-20 所示的方法进行测量。首先用万用表测量 0 和 1 两点之间的电压,若电压为 380 V,则说明控制电路的电源电压正常。然后,一人按下启动按钮 SB3 或 SB4,若接触器 KM 不吸合,则说明控制电路有故障。这时另一人可用万用表的红、黑两根表棒逐段测量相邻两点 1~2、2~3、3~4、4~5、5~0 之间的电压,根据其测量结果即可找出故障点。

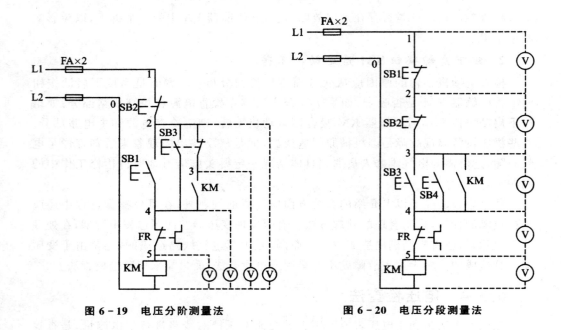

图 6-19　电压分阶测量法　　　　　图 6-20　电压分段测量法

6.3.5　电阻检查法

电阻检查法是利用万用表的电阻挡,对线路进行断电测量,是一种安全、有效的方法。电阻检查法有电阻分阶测量法(见图 6-21)和电阻分段测量法(见图 6-22)。

测量检查时,首先把万用表的转换开关置于倍率适当的电阻挡,然后按图 6-21 所示方法测量,在测量前先断开主电路电源,接通控制电路电源。若按下启动按钮 SB1 或 SB3 时,接触器 KM 不吸合,则说明控制电路有故障。

检测时应切断控制电路电源(这一点与电压分阶测量法不同),一人按下 SB1 不放,另一人用万用表依次测量 0~1、0~2、0~3、0~4 各两点间电阻值,根据测量结果可找出故障点。

按图 6-22 所示方法测量时,首先切断电源,一人按下 SB3 或 SB4 不放,另一人把万用表的转换开关置于倍率适当的电阻挡,用万用表的红、黑两根表棒逐段测量相邻两点 1~2、2~3、3~4、4~5、5~0 之间的电阻,如果测得某两点间电阻值很大(∞),则说明该两点间接触不良或导线断路。电阻分段测量法的优点是安全,缺点是测量电阻值不准确。若测量电阻不准确,容易造成判断错误。为此应注意以下几点:

① 用电阻分段测量法检查故障时,一定要先切断电源。
② 所测量电路若与其他电路并联,必须断开并联电路,否则所测电阻值不准确。
③ 测量高电阻电器元件时,要将万用表的电阻挡转换到适当挡位。

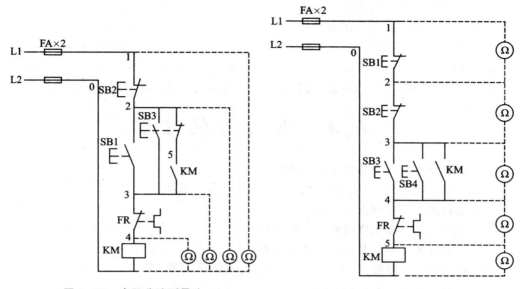

图 6-21 电阻分阶测量法

图 6-22 电阻分段测量法

6.3.6 短接检查法

机床电气设备的常见故障为断路故障,如导线断路、虚连、虚焊、触头接触不良、熔断器熔断等。对这类故障,除用电压法和电阻法检查外,还有一种更为简便可靠的方法,就是短接法。检查时,用一根绝缘良好的导线,将所怀疑的断路部位短接,若短接到某处时电路接通,则说明该处断路,如图 6-23 所示。

用短接法检查故障时必须注意以下几点:

① 用短接法检查时,是用手拿着绝缘导线带电操作的,所以,一定要注意安全,避免触电事故。

② 短接法只适用于压降极小的导线及触头之类的断路故障,对于压降较大的电器,如电阻、线圈、绕组等断路故障不能采用短接法,否则会出现短路故障。

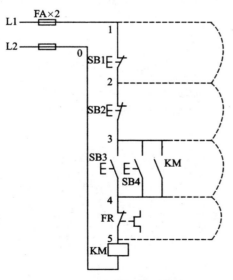

图 6-23 局部短接测量法

③ 对于工业机械的某些要害部位,必须保证电气设备或机械设备不会出现事故

的情况下,才能使用短接法。

短接法检查前,先用万用表测量图 6-23 所示 1～0 两点间的电压。若电压正常,可一人按下启动按钮 SB3 或 SB4 不放,然后另一人用一根绝缘良好的导线,分别短接标号相邻的两点 1～2、2～3、3～4、4～5(注意千万不要短接 5～0 两点,否则造成短路);当短接到某两点时,接触器 KM 吸合,则说明断路故障就在该两点之间。

6.4 思考与练习

1. 根据不同的环境如何选择电动机?
2. 什么是额定功率、额定电压、额定电流和额定转速?
3. 如何用万用表判别首、尾端?
4. 三相异步电动机绕组的接法有几种?
5. 三相异步电动机是怎样转动起来的?
6. 什么是电气原理图、电器布置图和电气安装接线图。
7. 写出文字符号 QS、FU、FR、KM、KA、KT、SB、QF、SQ 的意义。

第 7 章　三相异步电动机基本控制电路

异步电动机是工农业生产中应用最为广泛的一种电动机。异步电动机的控制线路绝大部分仍由继电器、接触器等有触点电器组成。一个电力拖动系统的控制线路可以比较简单，也可以相当复杂。但是，从实践中可知，任何复杂的控制线路总是由一些比较简单的环节有机地组合起来的。本章通过介绍三相异步电动机的正转控制、三相异步电动机的正反转控制、降压启动控制、三相异步电动机制动控制等典型的控制线路，使从业人员掌握基本电气控制线路的安装、调试与维修技能，并为后续掌握复杂电气控制线路的工作原理、故障分析和处理打下良好的基础。

7.1　三相异步电动机的正转控制线路

7.1.1　点动正转控制线路

点动正转控制线路是用按钮、接触器来控制电动机运转的最简单的正转控制线路，如图 7-1 所示。所谓点动控制是按下按钮，电动机就启动运转；松开按钮，电动机就失电停转。这种控制方法常用于金属加工机床某一机械部分的快速移动和电动葫芦的升、降及移动控制。

点动正转控制线路中，断路器 QF 是用作电源开关；熔断器 FA1、FA2 分别为主电路、控制电路的短路保护；启动按钮 SB 控制接触器 KM 的线圈得电、失电；接触器 KM 的主触头控制电动机 M 的启动与停止。

当电动机 M 需要点动时，先合上断路器 QF，此时电动机 M 尚未接通电源。按下启动按钮 SB，接触器 KM 的线圈得电，使衔铁吸合，同时带动接触器 KM 的三对主触头闭合，电动机 M 便接通电源启动运转。当电动机需要停转时，只须松开启动按钮 SB，使接触器 KM 的线圈失电，衔铁在复位弹簧作用下复位，使接触器 KM 的三对主触头分断，电动机 M 失电停转。

在分析各种控制线路的原理时，为了简单明了，常用电器文字符号和箭头配以少量文字说明来表达线路的工作原理。如点动正转控制线路的工作原理可叙述如下：

先合上电源开关 QF。

启动：

按下 SB→KM 线圈得电→KM 主触头闭合→电动机 M 启动运转。

停止：

松开 SB→KM 线圈失电→KM 主触头分断→电动机 M 失电停转。

停止使用时断开电源开关 QF。

用接触器来控制电动机比用手动开关控制电动机有许多优点。它不仅能实现远距离自动控制和欠压、失压保护功能，而且具有控制容量大、工作可靠、操作频率高、使用寿命长等优点，因而在电力拖动系统中得到了广泛应用。

1. 实训内容

（1）点动正转控制线路的安装。

（2）硬线配线操作。

（3）通电试车前检查。

2. 实训器材

常用电工工具、兆欧表、万用表、钳形电流表、塑铜线、包塑金属软管及接头，三相异步电动机、断路器、螺旋式熔断器、交流接触器、按钮开关和端子板等。

3. 实训步骤及要求

（1）识读点动正转控制线路，明确线路所用电器元件及作用，熟悉线路的工作原理。

（2）清点所用电器元件并进行检验。

（3）在控制板上按电气安装接线图（见图 7-1(b)）安装电器元件，并贴上醒目的文字符号，工艺要求如下：

① 断路器、熔断器受电端应安装在控制板的外侧，并使熔断器的受电端为底座中心端。

② 各元件的安装位置应整齐、匀称，间距合理，便于元件的更换。

③ 紧固各元件时，要用力均匀，紧固程度适当。尤其是对熔断器、接触器等易碎裂元件紧固时，应更加谨慎，以免损坏。

（4）按电气安装接线图（见图 7-1(b)）的走线方法进行板前明线布线和套编码套管。板前明线布线的工艺要求是：

① 布线通道尽可能少，同路并行导线按主、控电路分类集中，单层密排，紧贴安装面布线。

② 同一平面的导线应高低一致，不能交叉。非交叉不可时，该根导线在接线端子引出应水平架空跨越，但必须走线合理。

③ 布线应横平竖直，分布均匀，变换走向时应垂直。

④ 布线时严禁损伤线芯和导线绝缘。

⑤ 布线顺序一般以接触器为中心，由里向外，由低至高，先控制电路，后主电路进行，以不妨碍后续布线为原则。

⑥ 在每根剥去绝缘层导线的两端套上编码套管，所有从一个接线端子（或接线桩）到另一个接线端子（或接线桩）的导线必须连续，中间无接头。

第7章 三相异步电动机基本控制电路

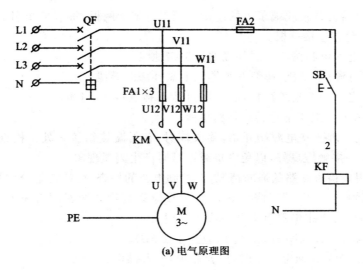

(a) 电气原理图

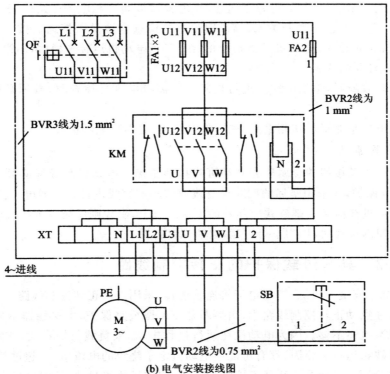

(b) 电气安装接线图

图 7-1 点动正转控制线路

⑦ 导线与接线端子或接线桩连接时，不得压绝缘层，也不能露铜过长。
⑧ 同一个元件、同一回路的不同接点的导线间距离应保持一致。

⑨ 一个电器元件接线端子上的连接导线不得多于两根,每节接线端子板上的连接导线一般只允许连接一根。

(5) 连接电动机和按钮金属外壳的保护接地线。

(6) 连接电源、电动机、按钮开关等配电盘外部的导线。

(7) 安装完毕的控制线路板,必须经过认真检查以后,才允许通电试车,以防止接错、漏接而造成不能正常运转或短路事故。

① 按电气原理图从电源端开始,逐段核对,有无漏接错接之处。检查导线接点压接是否牢固。接触应良好,以免带负载运行时产生闪弧现象。

② 用万用表检查线路的通断情况,对控制电路的检查,可将表笔分别搭在 U11、V11 线端上,读数应为"∞"。按下 SB 时,读数应为接触器线圈的直流电阻值,然后断开控制电路再检查主电路有无开路或短路现象。

③ 用兆欧表检查线路的绝缘电阻应大于 1 MΩ。

(8) 通电试车:在通电试车时,一人监护,一人操作。

① 通电试车前,必须征得教师同意,并由教师接通三相电源 L1、L2、L3,同时在现场监护。学生合上电源开关 QF 后,用验电笔检查电源是否接通。按下 SB,观察接触器情况是否正常,电动机运行是否正常等。当电动机运转平稳后,用钳形电流表测量三相电流是否平衡。

② 出现故障后,学生应独立进行检修。若需带电进行检查时,教师必须在现场监护。

③ 通电试车完毕后切断电源,先拆除电源线,再拆除电动机线。

4. 注意事项

① 电动机及按钮的金属外壳必须可靠接地。接至电动机的导线必须穿在导线通道内加以保护,或采用坚韧的四芯橡皮线或塑料护套线进行临时通电校验。

② 电源进线应接在螺旋式熔断器的下接线座上,出线则应接在上接线座上。

③ 按钮内接线时,用力不可过猛,以防螺钉打滑。

7.1.2 具有过载保护的正转控制线路

有些机床或生产机械,需要电动机连续运转,采用点动正转控制线路显然是不行的。另外,在点动正转控制线路中,由熔断器 FA 做短路保护,由接触器 KM 做欠压和失压保护,也还不够。因为电动机在运行过程中,如果负载长期过大,或启动操作频繁,或者缺相运行等原因,都有可能使电动机定子绕组的电流增大,超过其额定值。而在这种情况下,熔断器往往并不熔断,从而引起定子绕组过热,使温度升高;若温度超过允许温升就会使绝缘损坏,缩短电动机的使用寿命,严重时甚至会使电动机的定子绕组烧毁。因此,对电动机还必须采取过载保护措施。过载保护是指当电动机过载时能自动切断电动机电源,使电动机停转的一种保护。最常用的过载保护是由热继电器来实现的,具有过载保护的自锁正转控制线路如图 7-2 所示。

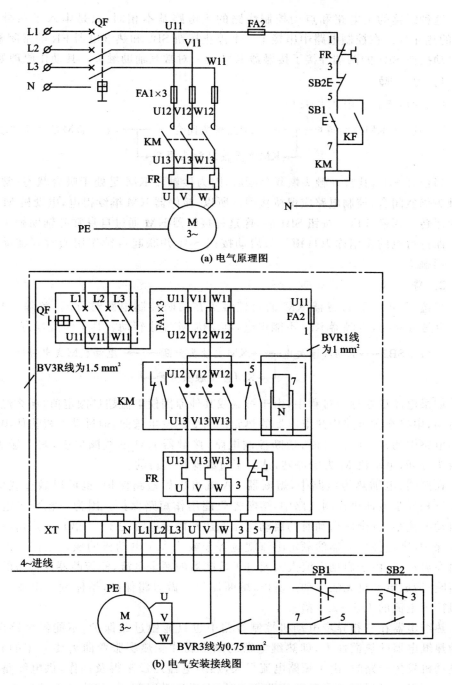

图 7-2 具有过载保护的接触器自锁正转控制线路

这种线路的主电路和点动控制线路的主电路基本相同,只是串入了热继电器 FR 的热元件。在控制电路中串接了一个停止按钮 SB2 和热继电器 FR 的常闭触头,在启动按钮 SB1 的两端并接了接触器 KM 的一对常开辅助触头。其动作原理如下:

1. 启 动

启动时,先合上电源开关 QF

按下SB1 → KM线圈得电 → KM主触头闭合 → 电动机M自动连续运转
                    └→ KM常开辅助触头闭合 ┘

当松开 SB1,其常开触头恢复分断后,因为接触器 KM 足处于吸合状态,常开辅助触头仍然闭合,控制电路应保持接通。所以,接触器 KM 继续得电,电动机 M 实现连续运转。当松开启动按钮 SB1 后,像这种接触器 KM 通过自身常开辅助触头而使线圈保持得电的作用称为自锁。与启动按钮 SB1 并联起自锁作用的常开辅助触头叫自锁触头。

2. 停 止

当按下 SB2 后,接触器 KM 的自锁触头在切断控制电路时分断,解除了自锁;SB1 也是分断的,接触器 KM 不能得电,电动机 M 停止转动。其工作流程为

按下SB2 → KM线圈失电 → KM主触头分断 → 电动机M失电停转
                    └→ KM自锁触头分断 ┘

如果电动机在运行过程中,由于过载或其他原因使电流超过额定值,那么经过一定时间,串接在主电路中热继电器的热元件因受热发生弯曲,通过动作机构使串接在控制电路中的常闭触头分断,切断控制电路,接触器 KM 的线圈失电,其主触头、自锁触头分断,电动机 M 失电停转,达到了过载保护之目的。

在照明、电加热等电路中,熔断器 FA 既可以做短路保护,也可以做过载保护。但在三相异步电动机控制线路中,熔断器只能用作短路保护。因为三相异步电动机的启动电流很大(全压启动时的启动电流能达到额定电流的 4~7 倍),若用熔断器做过载保护,则选择熔断器的额定电流就应等于或略大于电动机的额定电流。这样电动机在启动时,由于启动电流大大超过了熔断器的额定电流,使熔断器在很短的时间内熔断,造成电动机无法启动。所以,熔断器只能做短路保护,熔体额定电流应取电动机额定电流的 1.5~2.5 倍。

热继电器在三相异步电动机控制线路中也只能做过载保护,不能做短路保护。因为热继电器的热惯性大,即热继电器的双金属片受热膨胀弯曲需要一定的时间。当电动机发生短路时,由于短路电流很大,热继电器还没来得及动作,供电线路和电源设备可能已经损坏。而在电动机启动时,由于启动时间很短,热继电器还未动作,电动机已经启动完毕。总之,热继电器与熔断器两者所起的作用不同,不能互相代替。

7.2 三相异步电动机的正反转控制线路

在生产加工过程中，往往要求电动机能够实现可逆运行。如机床工作台的前进与后退、主轴的正转与反转、起重机吊钩的上升与下降等。这就要求电动机可以正反转。由电动机原理可知，若将接至电动机的三相电源进线中的任意两相对调，即可使电动机反转。下面介绍几种常用的正反转控制线路。

7.2.1 接触器连锁的正反转控制线路

接触器连锁的正反转控制线路中采用了两个接触器，即正转用的接触器 KM1 和反转用的接触器 KM2，它们分别由正转按钮 SB1 和反转按钮 SB2 控制。从主电路图中可以看出，这两个接触器的主触头所接通的电源相序不同，KM1 按 L1→L2→L3 相序接线，KM2 则按 L3→L2→L1 相序接线。相应的控制电路有两条：一条是由按钮 SB1 和 KM1 线圈等组成的正转控制电路；另一条是由按钮 SB2 和 KM2 线圈等组成的反转控制电路。

必须指出，接触器 KM1 和 KM2 的主触头决不允许同时闭合；否则将造成两相电源(L1 相和 L3 相)短路事故。为了避免两个接触器 KM1 和 KM2 同时得电动作，在正反转控制电路中分别串接了对方接触器的一对常闭辅助触头。这样，当一个接触器得电动作时，通过其常闭辅助触头使另一个接触器不能得电动作。接触器间这种互相制约的作用称接触器连锁(或互锁)。实现连锁作用的常闭辅助触头称为连锁触头(或互锁触头)，连锁符号用"▽"表示。

先合上电源开关 QF，其动作原理如下：

(1) 正转控制

(2) 反转控制

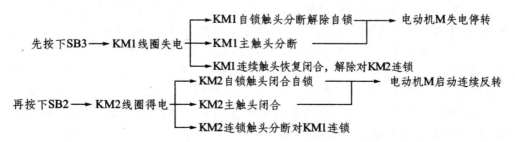

(3) 停　止

按下停止按钮 SB3→控制电路失电→KM1（或 KM2）主触头分断→电动机 M 失电停转。

从以上分析可见，接触器连锁正反转控制线路（见图 7-3）的优点是工作安全可靠；缺点是操作不便。因电动机从正转变成反转时，必须先按下停止按钮后，才能按反转启动按钮；否则由于接触器的连锁作用，不能实现反转。为克服此线路的不足，可采用按钮连锁或按钮和接触器双重连锁的正反转控制线路。

1. 实训内容

① 接触器连锁正反转控制线路的安装。
② 软线的布线方法及工艺要求。

2. 实训器材

常用电工工具、兆欧表、钳形电流表、万用表、紧固体、编码套管、针形及 U 形轧头、走线槽、塑铜线、包塑金属软管及软管接头等、三相异步电动机、断路器、螺旋式熔断器、热继电器、交流接触器、按钮开关和端子板等。

3. 实训步骤及要求

1) 根据电动机型号配齐所用电器元件，并进行质量检验。

2) 在控制板上按图 7-3(b) 所示安装走线槽和所有电器元件，并贴上醒目的文字符号。

3) 按如图 7-3(a) 所示的电路图进行板前线槽配线安装，并在导线端部套编码套管和压接端板前线槽配线的具体工艺要求是：

① 布线时，严禁损伤线芯和导线绝缘。

② 各电器元件接线端子引出导线的走向，以元件的水平中心线为界线，在水平中心线以上接线端子引出导线，必须进入元件上面的走线槽；在水平中心线以下接线端子引出导线，必须进入元件下面的走线槽，任何导线都不允许从水平方向进入走线槽内。

③ 各电器元件接线端子上引出或引入的导线，除间距很小和元件自身导线直接架空敷设外其他导线必须经过走线槽进行连接。

④ 进入走线槽内的导线要完全置于走线槽内，并应尽可能避免交叉和导线过长，装线不要超过槽容量的 70%，以便于能盖上线槽盖和以后的装配及维修。

⑤ 各电器元件与走线槽之间的外露导线，应走线合理，并尽可能做到横平竖直，变换走向要垂直。同一元件上位置一致的端子和同型号电器元件中位置一致的端子上引出或引入的导线，要敷设在同一平面上，并做到高低一致或前后一致，不得交叉。

⑥ 所有接线端子、导线线头上都应套有与电路图上相应接点线号一致的编码套管，并按线号进行连接，连接必须牢固，不得松动。

⑦ 在任何情况下，接线端子必须与导线截面积和材料性质相适应。当接线端子

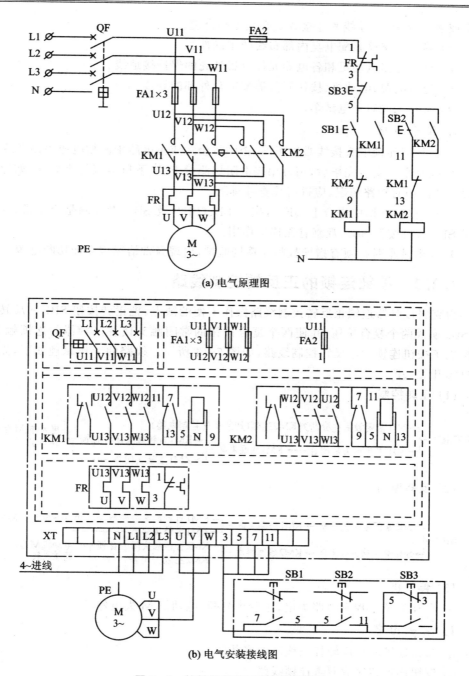

图 7-3 接触器连锁正反转控制线路

不适合连接软线或较小截面积的软线时,可以在导线端头穿上压接端子并压紧。

⑧ 一般一个接线端子只能连接一根导线,如果采用专门设计的端子,可以连接

两根或多根导线,但导线的连接方式必须正确合理。

(4) 确保电路检验配电盘内部布线的正确性。

(5) 可靠连接电动机和各电器元件金属外壳的保护接地线。

(6) 连接电源、电动机、按钮开关等配电盘外部的导线。

(7) 检查无误后通电试车。

4. 注意事项

① 接触器连锁触头接线必须正确,否则将会造成主电路中两相电源短路事故。

② 线路全部安装完毕后,用万用表电阻挡测量 FU2 下口两端是否导通,如导通则说明线路中有短路情况,应进行检查并排除。

③ 通电试车时,应先合上 QF,再按下 SB1(SB2) 及 SB3,看控制是否正常,并在按下 SB1 后再按下 SB2,观察有无连锁作用。

④ 通电试车时必须有指导教师在现场监护,出现异常情况应立即切断电源。

7.2.2 按钮连锁的正反转控制线路

为克服接触器连锁正反转控制线路操作不便的缺点,把正转按钮 SB1 和反转按钮 SB2 换成两个复合按钮,并使两个复合按钮的常闭触头代替接触器的连锁触头,就构成了按钮连锁的正反转控制线路,如图 7-4 所示。线路的工作原理如下,先合上电源开关 QF。

(1) 正转控制

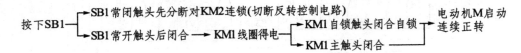

(2) 反转控制

(3) 停 止

按下 SB3,整个控制电路失电,主触头分断,电动机 M 失电停转。

1. 实训内容

① 按钮连锁的正反转控制线路的安装;

② 按钮连锁转换成双重连锁线路。

2. 实训器材

常用电工工具,兆欧表、钳形电流表、万用表,按钮连锁的正反转控制线路板线和编码套管等,其规格和数量按需要而定。

第 7 章　三相异步电动机基本控制电路

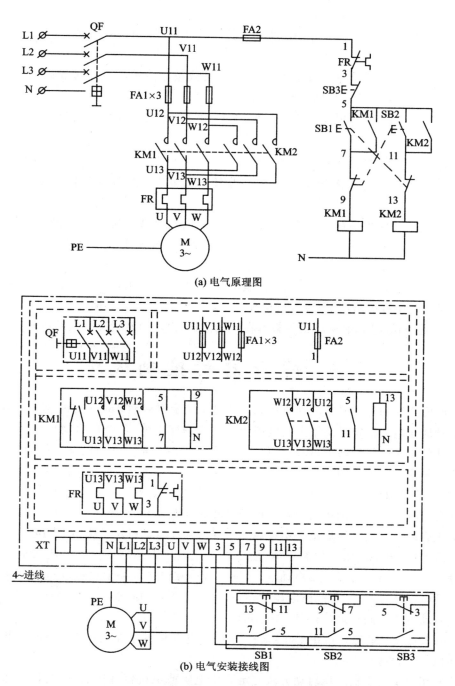

图 7-4　按钮连锁的正反转控制线路

3. 实训步骤及要求

① 将图 7-4 所示的电路图,改画成按钮连锁正反转控制的电气原理图和电气安装接线图。

② 根据所画的原理图和安装接线图,先装成按钮连锁的正反转控制电路,再改装成按钮连锁的正反转控制电路。

③ 操作 SB1 或 SB2 时,注意观察 KM1 和 KM2 的动作变化,并体会该线路的特点。

4. 注意事项

① 复合按钮的常闭触头应串接在互锁的线路中,否则不会起到按钮连锁的作用。

② 安装按钮连锁试车成功后,再进行按钮连锁正反转控制线路的改装。

③ 改装线路时必须弄清图纸上的每个点和每根线与实际线路的每个点和每根线,避免将线路弄乱。

④ 线路全部安装完毕后,用万用表电阻挡测量 FA2 下口两端是否导通,如导通则说明线路中有短路情况,应进行检查并排除。

⑤ 通电试车时,必须有指导教师在现场监护,出现异常情况应立即切断电源。

7.3 降压启动控制线路

前面介绍的三相异步电动机控制线路是采用全压启动方式。所谓全压启动是指启动时加在电动机定子绕组上的电压为电动机的额定电压,全压启动也称为直接启动。其优点是电气设备少,控制电路简单,维修量小。异步电动机全压启动时,启动电流一般为额定电流的 4~7 倍,在电源变压器容量不够大,而电动机功率较大的情况下,直接启动将导致电源变压器输出电压下降,不仅减小电动机本身的启动转矩,而且会影响同一供电网中其他电气设备的正常工作。因此,较大容量的电动机需采用降压启动。所谓降压启动是指在启动时降低加在电动机定子绕组上的电压。当电动机启动后,再将电压升到额定值,使之在额定电压下运转。由于电流与电压成正比,所以,降压启动可以减小启动电流,进而减小在供电线路上因电动机启动所造成的过大电压降,减小了对线路电压的影响,这是降压启动的根本目的。一般降压启动时的启动电流控制在电动机额定电流的 2~3 倍。

一般规定:电源容量在 180 kV·A 以上,电动机容量在 7 kW 以下的三相异步电动机,采用直接启动。

三相异步电动机降压启动方法有定子串电阻或电抗器降压启动、自耦变压器降压启动、星形—三角形变换降压启动、延边三角形降压启动等。尽管方法各异,目的都是为了限制电动机启动电流,减小供电线路因电动机启动引起的电压降。

7.3.1 定子绕组串接电阻降压启动控制线路

定子绕组串接电阻降压启动是指在电动机启动时把电阻串接在电动机定子绕组与电源之间,通过电阻的分压作用降低定子绕组上的启动电压。待电动机转速接近额定转速时,再将串接电阻短接,使电动机在额定电压下运行。这种启动方式由于不受电动机接线形式的限制,设备简单、经济,故获得广泛应用。这种降压启动控制线路有手动控制、按钮与接触器控制、时间继电器自动控制等。

1. 按钮与接触器控制线路

按钮与接触器控制线路如图7-5(a)所示,其工作原理如下,先闭合电源开关 QF。

降压启动过程:

按下SB1 → KM1线圈得电 → ┌ KM1自锁触头闭合自锁
　　　　　　　　　　　　　　└ KM1主触头闭合 → 电动机M串电阻R降压启动

至转速上升到一定值 → 按下升压按钮SB2 → KM2线圈得电 → ┌ KM2自锁触头闭合自锁
　　　　　　　　　　　　　　　　　　　　　　　　　　　└ KM2主触头闭合 → R被短接 → 电动机M全压运转

2. 时间继电器自动控制线路

时间继电器自动控制线路如图7-5(b)所示,此线路中用时间继电器 KT 代替图7-5(a)线路中的按钮开关 SB2,从而实现了电动机从降压启动到全压运行的自动控制。只要调整好时间继电器 KT 触头的动作时间,电动机由启动过程切换到运行过程就能准确可靠地完成。

其工作原理如下,先闭合电源开关 QF。

(1) 降压启动过程

按下SB1 → ┌ KM1线圈得电 → ┌ KM1自锁触头闭合自锁
　　　　　└ KT线圈得电　　　└ KM1主触头闭合 → 电动机M串电阻R降压启动

至转速上升到一定值时,KT延时结束 → KT常开触头闭合 → KM2线圈得电 → KM2主触头闭合 → R被短接 → 电动机M全压运转

(2) 停止时,按下 SB2 即可实现

通过分析发现,虽然电动机 M 能够完成降压启动过程,但是接触器 KM1 和 KM2、时间继电器 KT 均需长时间通电,造成能耗的增加和电器寿命的缩短。为了弥补原有线路设计中的不足,将主电路中 KM2 的三对主触头不直接并接在启动电阻 R 两端,而是将 KM2 主触头电源端与 KM1 主触头电源端并接在一起,这样接触器 KM1 和时间继电器 KT 只做短时间降压启动用,待电动机全压运转后就全部从线路中切除,从而延长了接触器 KM1 和时间继电器 KT 的使用寿命,节省了电能,提高了电路的可靠性。

启动电阻 R 一般采用 ZX1、ZX2 系列铸铁电阻。铸铁电阻能够通过较大电流,功率大。

串电阻降压启动控制电路(见图 7-5)的缺点是减少了电动机的启动转矩,同时启动时在电阻上功率消耗也较大。如果启动频繁,则电阻的温度很高,故目前这种降压启动的方法在生产实际中的应用正在逐步减少。

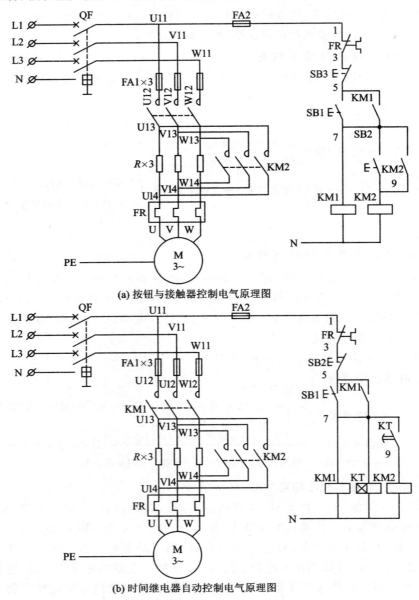

(a) 按钮与接触器控制电气原理图

(b) 时间继电器自动控制电气原理图

图 7-5 串接电阻降压启动控制线路

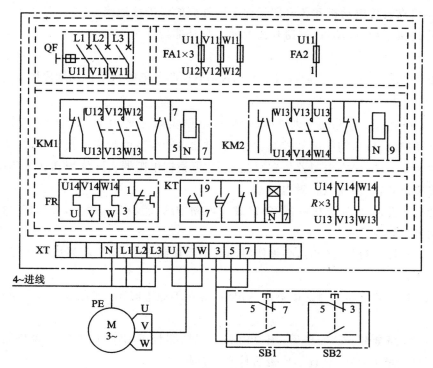

(c) 时间继电器自动控制电气安装接线图

图 7-5　串接电阻降压启动控制线路(续)

4. 实训内容

掌握定子绕组串接电阻降压启动控制线路的安装。

5. 实训器材

常用电工工具、兆欧表、钳形电流表、万用表，松木板一块（600 mm×500 mm×20 mm）、紧固体、编码套管、针形及 U 形轧头、走线槽、塑铜线、包塑金属软管及软管接头等，三相异步电动机、断路器、螺旋式熔断器、时间继电器、热继电器、电阻器、交流接触器、按钮开关和端子板等。

6. 实训步骤及要求

① 根据电动机型号，配齐所用电器元件，并进行质量检验。

② 在控制板上按图 7-5(c)所示安装走线槽和所有电器元件，并贴上醒目的文字符号。

③ 按图 7-5(c)所示的电路进行板前线槽配线安装，并在导线端部套编码套管和冷压端子。

④ 确保电路检验配电盘内部布线的正确性。

⑤ 可靠连接电动机和各电器元件金属外壳的保护接地线。
⑥ 连接电源、电动机、按钮开关等配电盘外部的导线。
⑦ 检查无误后通电试车。
⑧ 将图7-5(b)改成运行时KM1、KT不长期带电的自动控制线路图。

7. 注意事项

(1) 在进行本课题安装训练时,教师可根据实际情况,由浅入深分步进行训练,可按手动控制、按钮与接触器控制、时间继电器自动控制的顺序进行安装训练。

(2) 图7-5(c)中电阻器位置只是示意,可根据电阻器实际体积和训练环境合理改变安装位置,以防止发生触电事故。

(3) 布线时,要注意接触器KM2在主电路中的接线相序;否则,会因相序接反造成电动机反转。

(4) 安装时间继电器时,必须使时间继电器在断电后,动铁芯释放时的运动方向垂直向下。

(5) 时间继电器和热继电器的整定值,应在不通电时预先调整好,试车时再加以校正。

(6) 线路全部安装完毕后,用万用表电阻挡测量FA2下口两端是否导通,如导通则说明线路中有短路情况,应进行检查并排除。

(7) 通电试验时必须有指导教师在现场监护,出现异常情况立即切断电源。

7.3.2 星形—三角形降压启动控制线路

凡是在正常运行时定子绕组接成三角形的三相异步电动机,可以采用Y—△(星形—三角形)降压启动的方法来达到限制启动电流的目的。

启动时,定子绕组首先接成星形,待转速上升到接近额定转速时,将定子绕组的接线由星形换接成三角形,电动机便进入了全电压正常运行状态。因功率在4 kW以上的三相笼型异步电动机均为三角形接法,故都可以采用星形—三角形降压启动方法。电动机启动时接成Y形,加在每相定子绕组上的启动电压为△形接法的$1/\sqrt{3}$,启动线路电流为△形接法的1/3,启动转矩为△形接法的1/3,故这种方法只适用于轻载或空载下启动。常用的Y—△启动有手动和自动两种形式。

1. 手动控制Y—△降压启动线路

双掷闸刀开关手动控制Y—△降压启动的控制线路如图7-6所示。启动时先合上电源开关QF,然后把闸刀开关QS扳到"启动"位置,电动机定子绕组便接成"Y"降压启动;当电动机转速上升接近额定值时,再将闸刀开关QS扳到"运行"位置,电动机定子绕组改接成"△"全压正常运行。

第 7 章 三相异步电动机基本控制电路

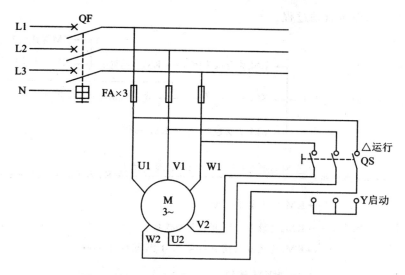

图 7-6 手动控制 Y—△ 降压启动控制线路图

2. 时间继电器自动控制 Y—△ 降压启动线路

时间继电器自动控制 Y—△ 降压启动电路如图 7-7 所示。该线路除了有电源开关 QF、过载保护 FR 和短路保护 FU 外，主要控制是由三个接触器、一个时间继电器和两个按钮开关组成。时间继电器 KT 用作控制 Y 形降压启动的时间和完成 Y—△ 自动切换，线路的工作原理如下：先合上电源开关 QF。

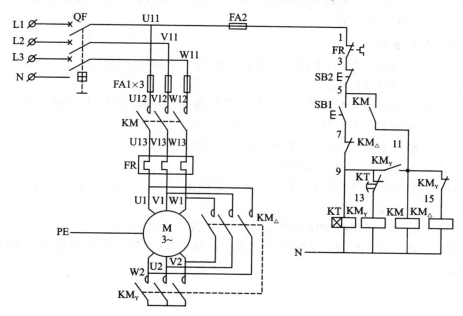

图 7-7 时间继电器自动控制 Y—△ 降压启动电气原理图

(1) Y—△降压启动过程：

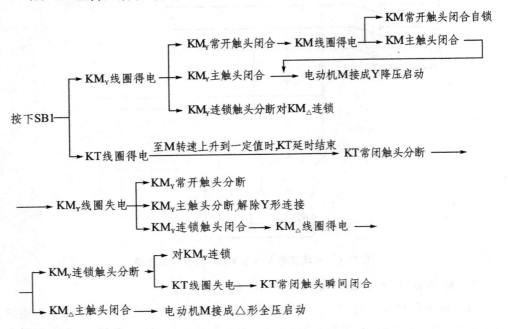

(2) 停止时按下 SB2 即可。

该线路中，接触器 KM_Y 先得电，通过 KM_Y 的常开辅助触头使接触器 KM_Y 后得电动作，这杆 KM_Y 的主触头是在无负载的条件下进行闭合的，故可延长接触器 KM_Y 主触头的使用寿命。

3. 注意事项

(1) Y—△降压启动只能用于正常运行时为三角形接法的电动机，接线时必须将接线盒内的短接片拆除。

(2) 接线时要保证电动机三角形接法的正确性，即接触器 $KM_△$ 主触头闭合时，应保证定子绕组的 U1 与 W2、V1 与 U2、W1 与 V2 相连接。

(3) 接触器 KM_Y 的进线必须从三相定子绕组的末端引入，若误将其首端引入，则在 KM_Y 吸合时，会产生三相电源短路事故。

(4) 线路全部安装完毕后，用万用表电阻挡测量 FA2 下口两端是否导通，如导通则说明线路中有短路情况，应进行检查并排除。

(5) 配电盘与电动机按钮开关之间连线，应穿入金属软管内。

(6) 通电前首先检查一下熔体规格及时间继电器、热继电器的整定值是否符合要求。

7.4 三相异步电动机制动控制线路

三相异步电动机从切除电源到完全停止旋转,由于惯性的关系,总要经过一段时间,这往往不能适应某些生产机械工艺的要求。例如,万能铣床、卧式镗床、组合机床以及桥式起重机的行走,吊钩的升降等。无论是从提高生产效率,还是从安全及准确停车等方面考虑,都要求电动机能迅速停车,要求对电动机进行制动控制。电动机的制动方法可分为两大类,即机械制动和电气制动。机械制动是用机械装置来强迫电动机迅速停车;电气制动实质上是在制动时,产生一个与原来旋转方向相反的制动转矩,迫使电动机转速迅速下降。

7.4.1 反接制动控制线路

1. 反接制动原理

反接制动是利用改变电动机电源的相序,使定子绕组产生相反方向的旋转磁场而产生制动转矩的一种制动方法,其制动原理如图 7-8 所示。在图 7-8(a)中,当 QS 向上接通"正转运行"时,电动机定子绕组电源相序为 L1→L2→L3,电动机将沿旋转磁场方向(见图 7-8(b)中顺时针方向),以 $n<n_1$ 的转速正常运转。当电动机需要停转时,可拉一下开关 QS,使电动机先脱离电源(此时转子由于惯性仍按原方向旋转),随后将开关 QS 迅速向下接通"反接制动"位置,由于 L1、L2 两相电源线对调,电动机定子绕组电源相序变为 L2→L1→L3,旋转磁场反转(见图 7-8(b)中逆时针方向),此时转子将以 n_1+n 的相对转速沿原转动方向切割旋转磁场,在转子绕组中产生感应电流。其方向可用右手定则判断出来,如图 7-8(b)所示。而转子绕组一旦产生电流,又受到旋转磁场的作用,将产生电磁转矩,其方向可由左手定则判断出来。可见此转矩方向与电动机的转动方向相反,使电动机受制动迅速停转。

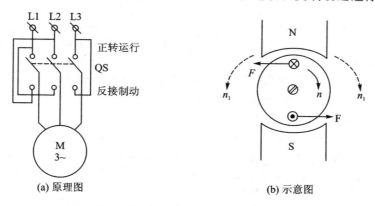

(a) 原理图 (b) 示意图

图 7-8 反接制动

值得注意的是当电动机转速接近零值时,应立即切断电动机电源,否则电动机将反转。为此,在反接制动线路中,为保证电动机的转速在接近零时能迅速切断电源,防止反向启动,常利用速度继电器(又称反接制动继电器)来自动切断电源。

由于反接制动时,转子与旋转磁场的相对速度接近于2倍的同步转速,所以,定子绕组中流过的反接制动电流相当于全电压直接启动时电流的2倍,因此反接制动的特点是制动迅速、冲击大,通常适用于10 kW以下的小容量电动机。为了减小冲击电流,通常要求在电动机主电路中串接一定的电阻以限制反接制动电流,这个电阻称为反接制动电阻。反接制动电阻的接线方法有对称和不对称两种接线方法,显然采用对称电阻接法可以在限制制动转矩的同时,也限制了制动电流,而采用不对称制动电阻的接法,只是限制了制动转矩,未加制动电阻的那一相,仍具有较大的电流。

2. 单向反接制动控制线路

反接制动的关键在于电动机电源相序的改变,且当转速下降接近于零时,能自动将电源切除。为此采用速度继电器来检测电动机的速度变化,在120～3 000 r/min范围内速度继电器触头动作,常开触点闭合;当转速低于100 r/min时,其触头恢复原位,如图7-9(a)所示。该线路的主电路和正反转控制线路的主电路相同,只是在反接制动时增加了三个限流电阻R。线路中KM1为正转运行接触器,KM2为反接制动接触器,KS为速度继电器,其轴与电动机轴相连,如图7-9中用点画线所示。

(1) 单向启动

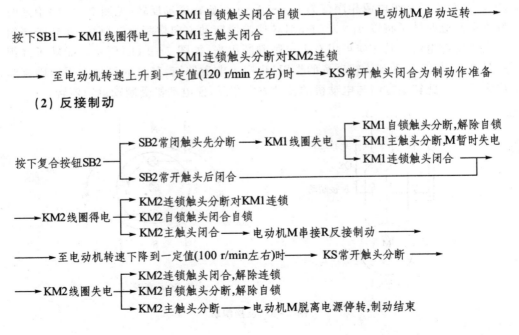

(2) 反接制动

第7章 三相异步电动机基本控制电路

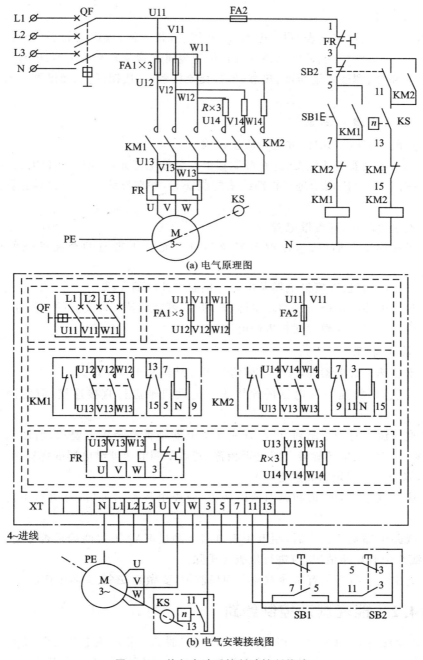

图 7-9 单向启动反接制动控制线路

3. 实训内容

单向启动反接制动控制线路的安装。

4. 实训器材

常用电工工具、兆欧表、钳形电流表、万用表、紧固体、编码套管、针形及 U 形轧头、走线槽、主电路导线、辅助电路导线和包塑金属软管及软管接头等；还有三相异步电动机、断路器、螺旋式熔断器、热继电器、交流接触器、按钮开关、速度继电器和端子板等。

5. 实训步骤及要求

① 选配所用电器元件，并进行质量检验。

② 画出电气安装接线图，并在控制板上安装好电器元件，贴上醒目的文字符号。

③ 按图 7-9(b) 所示进行板前线槽配线安装，并在导线端部套编码套管和压接端子。

④ 安装电动机、速度继电器。

⑤ 可靠连接电动机、速度继电器及各电器元件不带电的金属外壳的保护接地线。

⑥ 连接电动机、速度继电器及电源等控制板外部的导线。

⑦ 根据电路图自查布线的正确性、合理性、可靠性及元件安装的牢固性。

⑧ 检查无误后经教师同意再通电试车。

6. 注意事项

① 安装速度继电器前，要先了解清楚内部结构和工作原理。

② 安装时，将速度继电器的连接头与电动机轴进行直接连接，应使两轴保持同心。

③ 通电试车时若不制动，可检查速度继电器是否符合规定要求，所使用速度继电器的触头与电动机的旋转方向是否相符，若需要调节速度继电器的螺钉时，必须切断电源，以防止出现短路和触电事故。

④ 速度继电器动作值和返回值的调整，应先由教师示范后，再由学生自己练习调整。

⑤ 线路全部安装完毕后，用万用表电阻挡测量 FA2 下口两端是否导通，若导通则说明线路中有短路情况，应进行检查并排除。

⑥ 通电试车时必须有指导教师在现场监护，要做到安全、文明生产。

7.4.2 能耗制动控制线路

所谓能耗制动，就是在三相交流异步电动机脱离三相交流电源之后，立即将一直流电源接入电动机定子绕组中的任意两相，产生一个恒定磁场。利用转子感应电流与恒定磁场的作用产生一个制动转矩达到制动目的，其工作原理如图 7-10 所示。

因为定子中通入直流电后，定子里建立一个恒定磁场。而转子由于惯性仍按原方向转动，根据左手定则，可判定这感应电流与直流磁场相互作用产生的电磁力 F

的方向(见图 7-10)。这个电磁力作用在转子上,其力矩方向正好与电动机的旋转方向相反,所以能起到制动的作用。显然制动转矩的大小与所通入直流电流的大小和电动机的转速有关。转速越高,磁场越强,产生的制动转矩就越大。但通入的直流电流不能太大,一般约为异步电动机空载电流的 3～5 倍,否则会烧坏定子绕组。由于这种制动方法是通过在定子绕组中通入直流电以消耗转子惯性运动的动能来进行制动的,所以,称为能耗制动,又称动能制动。

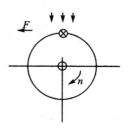

图 7-10 能耗制动原理图

能耗制动一般有两种方法:10 kW 以下小容量电动机一般采用无变压器半波整流能耗制动;10 kW 以上容量较大的电动机,多采用有变压器全波整流能耗制动自动控制线路,如图 7-11(a)所示,图(b)为电气安装接线图。

能耗制动的优点是制动准确、平稳,且能量消耗较小;缺点是需附加直流电源装置费用较高,制动力较弱,在低速时制动力矩小。因此能耗制动一般用于要求制动准确的场合,如铣床、镗床、磨床等的机床控制线路中。

(1) 单向启动运转

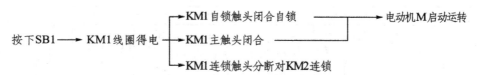

(2) 能耗制动停转

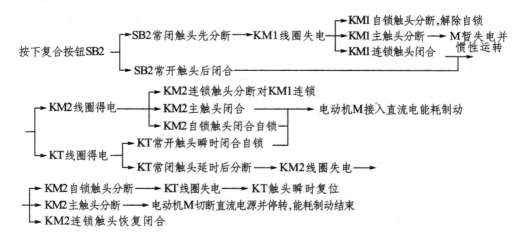

168 电工实训

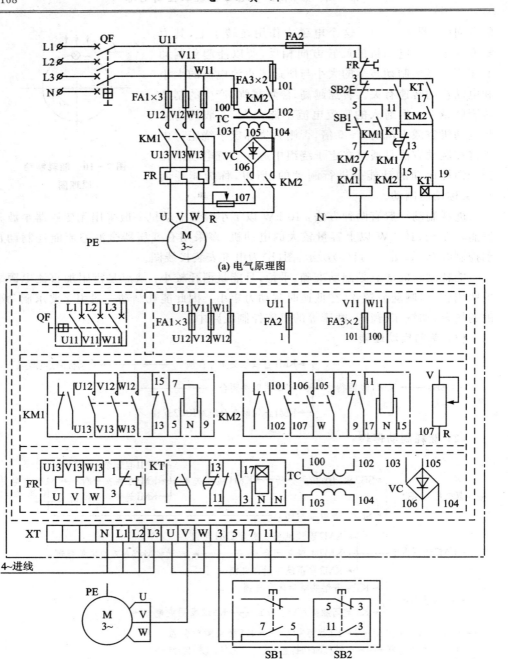

图 7-11 变压器单相桥式整流单向启动能耗制动控制线路

7.5 思考与练习

1. 什么是自锁控制？试分析判断如图 7-12 所示的各控制电路能否实现自锁控制？若不能，试分析原因，并加以改正。

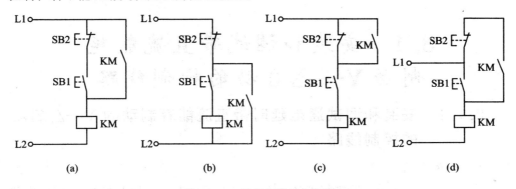

图 7-12 思考与练习 1 题图

2. 试画出能在两地控制同一台电动机正反转点动与连续控制电路图，并写出其工作过程。

3. 请利用改变触头位置和电路变形方法，画出三种双重连锁的正反转控制线路。

4. 设计一台三相交流异步电动机的控制电路，要求点动时为星形接法，运行时为三角形接法。

5. 用接触器和时间继电器控制三相异步电动机，要求电动机间歇循环工作，能够点动和自动控制并有短路和过载保护。

6. 什么是反接制动？什么是能耗制动？各有什么特点及适用场合。

7. 请画出三相异步电动机正反转反接制动电气原理图。

第8章 三相异步电动机控制电路技能考核

8.1 安装和调试带直流能耗制动 Y—△启动的控制线路

8.1.1 安装和调试通电延时带直流能耗制动的 Y—△启动的控制线路

1. 考核要求

① 按图8-1所示电路进行正确熟练地安装；元件在配线板上布置要合理，安装要正确、紧固，配线要求紧固、美观，导线要进行线槽；正确使用工具和仪表。

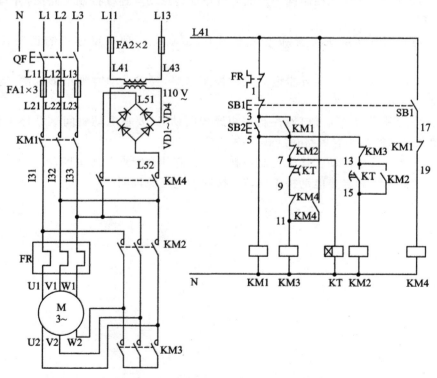

图8-1 通电延时带直流能耗制动的 Y—△启动的控制线路

② 按钮盒不固定在板上,电源和电动机配线、按钮接线要接到端子排上,进出线槽的导线要有端子标号。

③ 安全文明操作。

2. 工具、设备、用品

工具,设备和用品见表 8-1 所列。

表 8-1 工具、设备和用品一览

序号	名称	型号与规格	单位	数量
1	三相四线电源	～3×380/220 V,20 A		1
2	单相交流电源	～220 V 和 36 V,5 A		1
3	三相电动机	Y112M-4,4 kW,380 V,△接法;或自定	台	1
4	配线板	500 mm×600 mm×20 mm	块	1
5	组合开关	HZ10-25/3	个	1
6	交流接触器	CJ10-10,线圈电压 220 V 或 CJ10-20,线圈电压 220 V	只	4
7	热继电器	JR16-20/3,整定电流 10～16 A	只	1
8	时间继电器	JS7-4 A,线圈电压 380 V	只	1
9	整流二极管	2CZ30,15 A,600 V	只	4
10	控制变压器	BK-500,380/36 V,500 W	只	1
11	熔断器及熔体配套	RL1-60/20	套	3
12	熔断器及熔体配套	RL1-15/4	套	2
13	三联按钮	LA10-3H 或 LA4-3H	个	2
14	接线端子排	JX2-1015,500 V,10 A,15 节或配套自定	条	1
15	圆珠笔	自定	支	1
16	塑料软铜线	BVR-2.5,颜色自定	m	20
17	塑料软铜线	BVR-1.5 mm^2,颜色自定	m	20
18	塑料软铜线	BVR-0.75 mm^2,颜色自定	m	5
19	行线槽	TC3025	条	5
20	异型塑料管	ϕ3 mm	m	0.2
21	电工通用工具	验电笔、钢丝钳、旋具(一字形和十字形)、电工刀、尖嘴钳、活扳手、剥线钳等	套	1
22	万用表	500 型	块	1
23	兆欧表	500 V、0～200 MΩ	块	1
24	钳形电流表	0～50 A	块	1

3. 安装和调试通电延时带直流能耗制动的 Y—△ 启动的控制线路的操作步骤

(1) 电器元件检查

检查电路图、配电板、行线槽、导线、各种元器件、三相异步电动机是否备齐,所用电器元件的外观应完整无损、合格。

(2) 阅读电路图

为保证接线准确,要对照主电路、控制电路仔细阅读,读图时要在电路图两部分对应标号。

工作原理:本电路时间继电器为通电延时,电路由桥式整流、能耗制动、Y—△降压启动的控制电路所组成。要熟悉线路的工作原理,其动作原理如下:

启动时合上电源开关 QS

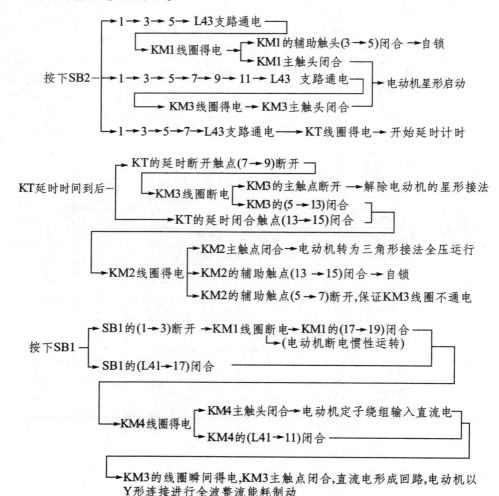

(3) 布　线

按电路图的要求,确定走线方向并进行布线。可先布主回路线,也可先布控制回路线。截取长度合适的导线,适当选择剥线钳钳口剥线。主回路和控制回路的线号套管必须齐全,每一根导线的两端都必须套上编码套管。标号要写清楚,不能漏标、误标。接线不能松动,露出铜线不能过长,不能压绝缘层,从一个接线桩到另一个接线桩的导线必须是连续的,中间不能有接头,不得损伤导线绝缘及线芯。

各电器元件与行线槽之间的导线,应尽可能做到横平竖直,变换走向要垂直。进入行线槽内的导线要完全置于行线槽内,并应尽可能避免交叉。

确定的走线方向应合理。剥线后弯圈要顺螺纹的方向。一般一个接线端子只能连接 1 根导线,最多接 2 根,不允许接 3 根。装线时不要超过行线槽容量的 70%,这样既便于方便地盖上线槽盖,也便于以后的装配和维修。

(4) 检查线路

按电路图从电源端开始,逐段核对接线及接线端子处线号。用万用表检查线路的通断,用 500V 兆欧表检查线路的绝缘电阻,检查主、控电路熔体,检查热继电器、时间继电器整定值。

(5) 盖上行线槽

检查无误后盖上行线槽。

(6) 空载试运转

自检以后进行空载试运转。空载试运转时接通三相电源,合上电源开关,用试电笔检查熔断器出线端,氖管亮表示电源接通。按动启动按钮,观察接触器动作是否正常,经反复几次操作,正常后方可进行带负载试运转。

(7) 带负载试运转

空载试运转正常后进行带负载试运转。带负载试运转时,按下电源开关,接通电动机,检查接线无误后,再合闸送电,启动电动机。当电动机平稳运行时,用钳形电流表测量三相电流是否平衡。

(8) 断开电源

带负载试运转正常,经同意后方可断开电源。

通电试运行完毕,停转、断开电源,先拆除三相电源线,再拆除电动机线,整理试验场地。

8.1.2　安装和调试断电延时带直流能耗制动的 Y—△启动的控制线路

1. 考核要求

① 按图 8-2 所示电路进行正确熟练地安装;元件在配线板上布置要合理,安装要正确、紧固,配线要求紧固、美观,导线要进行线槽;正确使用工具和仪表。

② 按钮盒不固定在板上,电源和电动机配线、按钮接线要接到端子排上,进出线

槽的导线要有端子标号。

③ 安全文明操作。

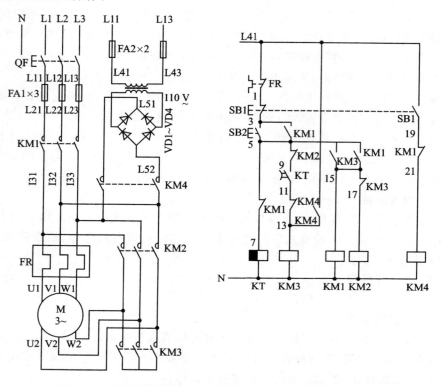

图 8-2 断电延时带直流能耗制动的 Y—△启动的控制线路

2．工具、设备、用品

工具、设备和用品如表 8-2 所列。

表 8-2 工具、设备和用品一览表

序号	名　称	型号与规格	单位	数量
1	三相四线电源	～3×380/220 V、20 A		1
2	单相交流电源	～220 V 和 36 V、5 A		1
3	三相电动机	Y112M-4,4 kW、380 V、△接法;或自定	台	1
4	配线板	500 mm×600 mm×20 mm	块	1
5	组合开关	HZ10-25/3	个	1
6	交流接触器	CJ10-10,线圈电压 220 V 或 CJ10-20,线圈电压 220 V	只	4
7	热继电器	JR16-20/3,整定电流 10～16 A	只	1

第8章 三相异步电动机控制电路技能考核

续表 8-2

序号	名　称	型号与规格	单位	数量
8	时间继电器	JS7-4A,线圈电压 220 V	只	1
9	整流二极管	2CZ30,15 A,600 V	只	4
10	控制变压器	BK-500,380 V/36 V,500 W	只	1
11	熔断器及熔体配套	RL1-60/20	套	3
12	熔断器及熔体配套	RL1-15/4	套	2
13	三联按钮	LA10-3H 或 LA4-3H	个	2
14	接线端子排	JX2-1015,500 V,10 A,15 节或配套自定	条	1
15	圆珠笔	自　定	支	1
16	塑料软铜线	BVR-2.5,颜色自定	m	20
17	塑料软铜线	BVR-1.5 mm^2,颜色自定	m	20
18	塑料软铜线	BVR-0.75 mm^2,颜色自定	m	5
19	行线槽	TC3025	条	5
20	异型塑料管	ϕ3 mm	m	0.2
21	电工通用工具	验电笔、钢丝钳、旋具(一字形和十字形)、电工刀、尖嘴钳、活扳手、剥线钳等	套	1
22	万用表	500 型	块	1
23	兆欧表	500 V,0～200 MΩ	块	1
24	钳形电流表	0～50 A	块	1

3. 安装和调试断电延时带直流能耗制动的 Y—△启动的控制电路的操作步骤

(1) 电器元件检查

检查电路图、配电板、行线槽、导线、各种元器件、三相异步电动机是否备齐,所用电器元件的外观应完整无损、合格。

(2) 阅读电路图

为保证接线准确,要对照主电路、控制电路仔细阅读,读图时要在电路图两部分对应标号。

本电路的时间继电器为断电延时,电路由桥式整流、能耗制动、Y—△降压启动等部分组成。其动作原理如下:

启动时合上电源开关 QS,按下启动按钮 SB2,接触器 KM3、KT 线圈获电吸合,KM3 动合触头闭合,接触器 KM1 线圈获电,KM1、KM3 主触头闭合,电动机 M 接成 Y 形连接启动。经过一定延时,KT 动断触头延时断开,KM3 线圈断电释放,

KM2 线圈获电吸合电动机 M 接成△形连接运行。

停止能耗制动时，按下停止按钮 SB1，则接触器 KM1 线圈断电释放，KM1 主触头断开，电动机 M 断电惯性运转；KM3、KM4 线圈获电吸合，KM3、KM4 主触头闭合，电动机 M 以 Y 形连接进行全波整流能耗制动。

(3) 布　线

按电路图的要求，确定走线方向并进行布线。可先布主回路线，也可先布控制回路线。截取长度合适的导线，选择适当剥线钳钳口进行剥线。主回路和控制回路的线号套管必须齐全，每一根导线的两端都必须套上编码套管。标号要写清楚，不能漏标、误标。接线不能松动、露出铜线不能过长，不能压绝缘层，从一个接线桩到另一个接线桩的导线必须是连续的，中间不能有接头，不得损伤导线绝缘及线芯。

各电器元件与行线槽之间的导线，应尽可能做到横平竖直，变换走向要垂直。进入行线槽内的导线要完全置于行线槽内，并应尽可能避免交叉。

确定的走线方向应合理。剥线后弯圈要顺螺纹的方向。一般一个接线端子只能连接 1 根导线，最多接 2 根，不允许接 3 根。装线时不要超过行线槽容量的 70%，这样既便于盖上线槽盖，也便于以后的装配和维修。

(4) 检查线路

按电路图从电源端开始，逐段核对接线及接线端子处线号。用万用表检查线路的通断，用 500 V 兆欧表检查线路的绝缘电阻，检查主、控电路熔体，检查热继电器、时间继电器整定值。

(5) 盖上行线槽

检查无误后盖上行线槽。

(6) 空载试运转

自检以后进行空载试运转。空载试运转时接通三相电源，合上电源开关，用试电笔检查熔断器出线端，氖管亮表示电源接通。按动启动按钮，观察接触器动作是否正常，经反复几次操作，正常后方可进行带负载试运转。

(7) 带负载试运转

空载试运转正常后进行带负载试运转。带负载试运转时，按下电源开关，接通电动机检查接线无误后，再合闸送电，启动电动机。当电动机平稳运行时，用钳形电流表测量三相电流是否平衡。

(8) 断开电源

带负载试运转正常，经同意后方可断开电源，整理考场。

通电试运行完毕，停转、断开电源，先拆除三相电源线，再拆除电动机线，整理考场。

8.2 安装和调试双速交流异步电动机自动变速控制电路

8.2.1 安装和调试双速交流异步电动机自动变速控制电路(1)

1. 考核要求

① 按图 8-3 的所示电路进行正确熟练地安装;元件在配线板上布置要合理,安装要正确、紧固,配线要求紧固、美观,导线要进行线槽;正确使用工具和仪表。

② 按钮盒不固定在板上,电源和电动机配线、按钮接线要接到端子排上,进出线槽的导线要有端子标号。

③ 安全文明操作。

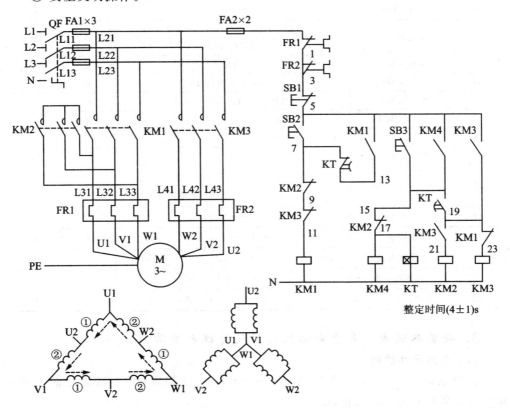

图 8-3 双速交流异步电动机自动变速控制电路(1)

2. 工具、设备、用品

工具、设备和用品如表 8-3 所列。

表 8-3 工具、设备和用品一览表

序号	名 称	型号规格	单位	数量
1	双速电动机	YD123M-4/2,6.5;8 kW、△/2Y	台	1
2	配线板	500 mm×600 mm×20 mm	块	1
3	组合开关	HZ10-25/3	个	1
4	交流接触器	CJ10-20,线圈电压 220 V	只	4
5	热继电器	JR16-20/3,整定电流 13.8A 和 17.1A 各一只	只	2
6	时间继电器	JS7-4A,线圈电压 220 V	只	1
7	熔断器及熔芯配套	RL1-60/20	套	3
8	熔断器及熔芯配套	RL1-15/4	套	2
9	三联按钮	LA10-3H	个	1
10	接线端子排	JX2-1015,500 V、10 A、15 节或配套,自定	条	1
11	圆珠笔	自定	支	1
12	塑料软铜线	BVR-2.5,颜色自定	m	20
13	塑料软铜线	BVR-1.5 mm^2,颜色自定	m	20
14	塑料软铜线	BVR-0.75 mm^2,颜色自定	m	5
15	行线槽	TC3025	条	5
16	异型塑料管	ϕ3 mm	m	0.2
17	电工通用工具	验电笔、钢丝钳、旋具(一字形和十字形)、电工刀、尖嘴钳、活扳手、剥线钳等	套	1
18	万用表	500 型	块	1
19	兆欧表	500 V、0~200 MΩ	块	1
20	钳形电流表	0~50 A	块	1
21	三相四线电源	~3×380 V/220 V、20 A		1
22	单相交流电源	~220 V 和 36 V、5 A		1

3. 安装双速交流异步电动机自动变速控制电路(1)

(1) 电器元件检查

检查电路图、配电板、行线槽、导线、各种元器件、三相异步电动机是否备齐,所用电器元件的外观应完整无损、合格。

(2) 阅读电路图

为保证接线准确,要对照主电路、控制电路仔细阅读,读图时要在电路图两部分对应标号。

启动过程:

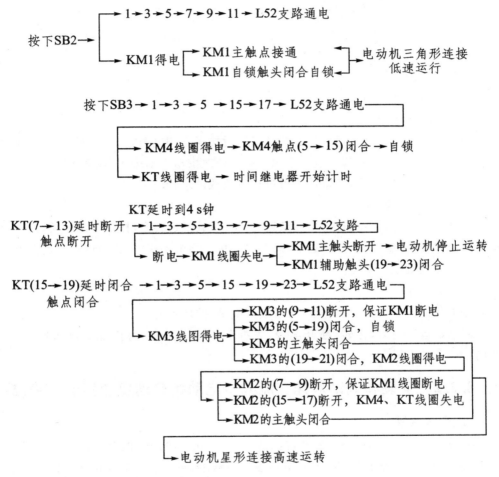

(3) 布　线

按电路图的要求,确定走线方向并进行布线。可先布主回路线,也可先布控制回路线。截取长度合适的导线,选择适当剥线钳钳口进行剥线。主回路和控制回路的线号套管必须齐全,每一根导线的两端都必须套上编码套管。标号要写清楚,不能漏标、误标。接线不能松动、露出铜线不能过长,不能压绝缘层,从一个接线桩到另一个接线桩的导线必须是连续的,中间不能有接头,不得损伤导线绝缘及线芯。

各电器元件与行线槽之间的导线,应尽可能做到横平竖直,变换走向要垂直。进入行线槽内的导线要完全置于行线槽内,并应尽可能避免交叉。

确定的走线方向应合理。剥线后弯圈要顺螺纹的方向。一般一个接线端子只能连接 1 根导线,最多接 2 根,不允许接 3 根。装线时不要超过行线槽容量的 70%,这样既便于盖上线槽盖,也便于以后的装配和维修。

(4) 检查线路

按电路图从电源端开始,逐段核对接线及接线端子处线号。用万用表检查线路的通断,用 500 V 兆欧表检查线路的绝缘电阻,检查主、控电路熔体,检查热继电器、时间继电器整定值。

(5) 盖上行线槽

检查无误后盖上行线槽。

(6) 空载试运转

自检以后进行空载试运转。空载试运转时接通三相电源,合上电源开关,用试电笔检查熔断器出线端,氖管亮表示电源接通。依次按动启动按钮,观察接触器动作是否正常,经反复几次操作,正常后方可进行带负载试运转。

(7) 带负载试运转

空载试运转正常后进行带负载试运转。带负载试运转时,按下电源开关,接通电动机,检查接线无误后,再合闸送电,启动电动机。当电动机平稳运行时,用钳形电流表测量三相电流是否平衡。

(8) 断开电源

带负载试运转正常,经同意后方可断开电源,整理考场。

通电试运行完毕,停转、断开电源,先拆除三相电源线,再拆除电动机线,整理考场。

8.2.2 安装和调试双速交流异步电动机自动变速控制电路(2)

1. 考核要求

① 按图 8-4 所示电路进行正确熟练地安装;元件在配线板上布置要合理,安装要正确、紧固,配线要求紧固、美观,导线要进行线槽;正确使用工具和仪表。

② 按钮盒不固定在板上,电源和电动机配线,按钮接线要接到端子排上,进出线槽的导线要有端子标号。

③ 安全文明操作。

2. 工具、设备、用品

工具、设备和用品如表 8-4 所列。

第 8 章 三相异步电动机控制电路技能考核

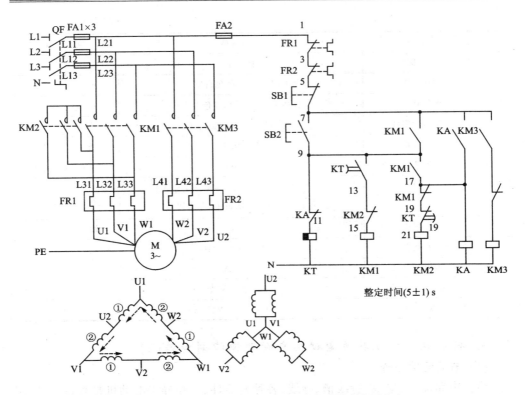

图 8-4 双速交流异步电动机自动变速控制电路(2)

表 8-4 工具、设备和用品一览表

序号	名 称	型号规格	单位	数量
1	双速电动机	YD123M-4/2,6.5;8 kW,△/2Y	台	1
2	配线板	500 mm×600 mm×20 mm	块	1
3	组合开关	HZ10-25/3	个	1
4	交流接触器	CJ10-20,线圈电压 220 V	只	3
5	热继电器	JR16-20/3,整定电流 13.8 A 和 17.1 A 各一只	只	2
6	时间继电器	JS7-4A,线圈电压 220 V	只	1
7	熔断器及熔芯配套	RL1-60/20	套	3
8	熔断器及熔芯配套	RL1-15/4	套	2
9	三联按钮	LA10-3H	个	1
10	接线端子排	JX2-1015,500 V、10 A、15 节或配套自定	条	1

续表 8-4

序 号	名 称	型号规格	单 位	数 量
11	圆珠笔	自定	支	1
12	塑料软铜线	BVR-2.5,颜色自定	m	20
13	塑料软铜线	BVR-1.5 mm^2,颜色自定	m	20
14	塑料软铜线	BVR-0.75 mm^2,颜色自定	m	5
15	行线槽	TC3025	条	5
16	异型塑料管	ϕ3 mm	m	0.2
17	电工通用工具	验电笔、钢丝钳、旋具(一字形和十字形)、电工刀、尖嘴钳、活扳手、剥线钳等	套	1
18	万用表	500 型	块	1
19	兆欧表	500 V,0～200 MΩ	块	1
20	钳形电流表	0～50 A	块	1
21	三相四线电源	～3×380/220 V,20 A		1
22	单相交流电源	～220 V 和 36 V,5 A		1

3. 安装双速交流异步电动机自动变速控制电路(2)

(1) 电器元件检查

检查电路图、配电板、行线槽、导线、各种元器件、三相异步电动机是否备齐,所用电器元件的外观应完整无损、合格。

(2) 阅读电路图

为保证接线准确,要对照主电路、控制电路仔细阅读,读图时要在电路图两部分对应标号。

启动过程:合上电源开关 QS,按下启动按钮 SB2,则时间继电器 KT 线圈获电;同时时间继电器 KT 瞬时动合触头断开,切断接触器 KM2 线圈获电,时间继电器 KT 延时断开的常开触头闭合,使接触器 KM1 线圈获电,接触器 KM1 主触头闭合,电动机 M 以低速运转。同时接触器 KA 线圈获电,KA 动断触头断开,切断时间继电器 KT 线圈,经过一定延时时间之后,时间继电器 KT 的延时触头断开,接触器 KM1 线圈断电。接触器 KM1 常闭辅助触头复位,使接触器 KM2 线圈获电,接触器 KM2 主触头闭合,电动机 M 以高速运行。

(3) 布 线

按电路图的要求,确定走线方向并进行布线。可先布主回路线,也可先布控制回路线。截取长度合适的导线,选择适当剥线钳钳口进行剥线。主回路和控制回路的线号套管必须齐全,每一根导线的两端都必须套上编码套管。标号要写清楚,不能漏标、误标。接线不能松动,露出铜线不能过长,不能压绝缘层,从一个接线柱到另一个接线柱的导线必须是连续的,中间不能有接头,不得损伤导线的绝缘及线芯。

各电器元件与行线槽之间的导线,应尽可能做到横平竖直,变换走向要垂直。进入行线槽内的导线要完全置于行线槽内,并应尽可能避免交叉。

确定的走线方向应合理。剥线后弯圈要顺螺纹的方向。一般一个接线端子只能连接1根导线,最多接2根,不允许接3根。装线时不要超过行线槽容量的70%,这样既便于盖上线槽盖,也便于以后的装配和维修。

(4) 检查线路

按电路图从电源端开始,逐段核对接线及接线端子处线号。用万用表检查线路的通断,用500 V兆欧表检查线路的绝缘电阻,检查主、控电路熔体,检查热继电器、时间继电器整定值。

(5) 盖上行线槽

检查无误后盖上行线槽。

(6) 空载试运转

自检以后进行空载试运转。空载试运转时接通三相电源,合上电源开关,用试电笔检查熔断器出线端,氖管亮表示电源接通。依次按动启动按钮,观察接触器动作是否正常,经反复几次操作,正常后方可进行带负载试运转。

(7) 带负载试运转

空载试运转正常后进行带负载试运转。带负载试运转时,按下电源开关,接通电动机,检查接线无误后,再合闸送电,启动电动机。当电动机平稳运行时,用钳形电流表测量三相电流是否平衡。

(8) 断开电源

带负载试运转正常,经同意后方可断开电源,整理考场。

通电试运行完毕,停转、断开电源,先拆除三相电源线,再拆除电动机线,整理考场。

8.3 思考与练习

1. 熟练画出通电延时带直流能耗制动的Y—△启动的控制电路图。
2. 叙述通电延时带直流能耗制动的Y—△启动的控制电路的工作原理。
3. 熟练画出双速交流异步电动机自动变速控制电路(1)。
4. 叙述双速交流异步电动机自动变速控制电路(1)的工作原理。

第 9 章 可编程控制器

9.1 可编程控制器简介

可编程序控制器,英文称 Programmable Controller,简称 PC。但由于 PC 容易和个人计算机(Personal Computer)混淆,故人们习惯用 PLC 作为可编程序控制器的缩写。它是一个以微处理器为核心的数字运算操作的电子系统装置,专为在工业现场应用而设计。它采用可编程序的存储器,用以在其内部存储执行逻辑运算、顺序控制、定时/计数和算术运算等操作指令,并通过数字式或模拟式的输入、输出接口,控制各种类型的机械或生产过程。PLC 是微机技术与传统的继电接触控制技术相结合的产物,克服了继电接触控制系统中的机械触点的接线复杂、可靠性低、功耗高、通用性和灵活性差的缺点,充分利用了微处理器的优点,又照顾到现场电气操作维修人员的技能与习惯,特别是 PLC 的程序编制,不需要专门的计算机编程语言知识,而是采用了一套以继电器梯形图为基础的简单指令形式,使用户程序编制形象、直观、方便易学;调试与查错也都很方便。用户在购到所需的 PLC 后,只需按说明书的提示,做少量的接线和简易的用户程序编制工作,就可灵活方便地将 PLC 应用于生产实践。

9.1.1 PLC 的结构及各部分的作用

PLC 的类型繁多,功能和指令系统也不尽相同,但结构与工作原理则大同小异,通常由主机、输入/输出接口、电源扩展器接口和外部设备接口等几个主要部分组成。PLC 的硬件系统结构如图 9-1 所示。

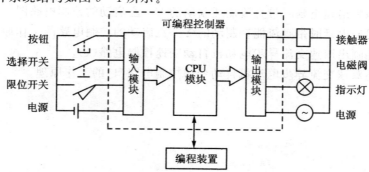

图 9-1 可编程控制器结构

1. 主　机

主机部分包括中央处理器（CPU）、系统程序存储器和用户程序及数据存储器。CPU 是 PLC 的核心，它用以运行用户程序、监控输入/输出接口状态、作出逻辑判断和进行数据处理，即读取输入变量、完成用户指令规定的各种操作，将结果送到输出端，并响应外部设备（如电脑、打印机等）的请求以及进行各种内部判断等。PLC 的内部存储器有两类：一类是系统程序存储器，主要存放系统管理和监控程序及对用户程序作编译处理的程序，系统程序已由厂家固定，用户不能更改；另一类是用户程序及数据存储器，主要存放用户编制的应用程序及各种暂存数据和中间结果。

2. 输入/输出（I/O）接口

I/O 接口是 PLC 与输入/输出设备连接的部件。输入接口接收输入设备（如按钮、传感器、触点、行程开关等）的控制信号。输出接口是将主机经处理后的结果通过功放电路去驱动输出设备（如接触器、电磁阀、指示灯等）。I/O 接口一般采用光电耦合电路，以减少电磁干扰，从而提高了可靠性。I/O 点数即输入/输出端子数，是 PLC 的一项主要技术指标，通常小型机有几十个点，中型机有几百个点，大型机将超过千点。

3. 电　源

电源是指为 CPU、存储器、I/O 接口等内部电子电路工作所配置的直流开关稳压电源，通常也为输入设备提供直流电源。

4. 编　程

编程是指 PLC 利用外部设备，用户可通过编程来输入、检查、修改、调试程序或监示 PLC 的工作情况。通过专用的 PC/PPI 电缆线将 PLC 与电脑连接，并利用专用的软件进行电脑编程和监控。

5. 输入/输出扩展单元

I/O 扩展接口用于将扩充外部输入/输出端子数的扩展单元与基本单元（主机）连接在一起。

6. 外部设备接口

此接口可将打印机、条码扫描仪、变频器等外部设备与主机相连，以完成相应的操作。

实验装置提供的主机型号有西门子 S7 - 200 系列的 CPU224（AC/DC/RELAY），其输入点数为 14，输出点数为 10；CPU226（AC/DC/RELAY），输入点数为 26，输出点数为 14。

9.1.2　PLC 的工作原理

PLC 是采用"顺序扫描，不断循环"的方式进行工作的。即在 PLC 运行时，CPU 根据用户按控制要求编制好并存于用户存储器中的程序，按指令步序号（或地址号）

作周期性循环扫描,如无跳转指令,则从第一条指令开始逐条顺序执行用户程序,直至程序结束。然后重新返回第一条指令,开始下一轮新的扫描。在每次扫描过程中,还要完成对输入信号的采样和对输出状态的刷新等工作。PLC 的一个扫描周期必经输入采样、程序执行和输出刷新三个阶段。

PLC 在输入采样阶段:首先以扫描方式按顺序将所有暂存在输入锁存器中的输入端子的通断状态或输入数据读入,并将其写入各对应的输入状态寄存器中,即刷新输入。随即关闭输入端口,进入程序执行阶段。

PLC 在程序执行阶段:按用户程序指令存放的先后顺序扫描并执行每条指令,经相应的运算和处理后,其结果再写入输出状态寄存器中,则输出状态寄存器中所有的内容随着程序的执行而改变。

输出刷新阶段:当所有指令执行完毕,输出状态寄存器的通断状态在输出刷新阶段送至输出锁存器中,并通过一定的方式(继电器、晶体管或晶闸管)输出,驱动相应输出设备工作。

9.1.3 PLC 的程序编制

1. 编程元件

PLC 是采用软件编制程序来实现控制要求的。编程时要用到各种编程元件,并提供无数个动合和动断触点。编程元件是指输入寄存器、输出寄存器、位存储器、定时器、计数器、通用寄存器、数据寄存器及特殊功能存储器等。PLC 内部存储器的作用和继电接触控制系统中使用的继电器十分相似,也有"线圈"与"触点",但不是"硬"继电器,而是 PLC 存储器的存储单元。当写入该单元的逻辑状态为"1"时,则表示相应继电器线圈得电,其动合触点闭合,动断触点断开。所以,内部的这些继电器称之为"软"继电器。

2. 编程语言

所谓程序编制,就是用户根据控制对象的要求,利用 PLC 厂家提供的程序编制语言,将一个控制要求描述出来的过程。PLC 最常用的编程语言是梯形图语言和指令语句表语言,且两者常常联合使用。

(1) 梯形图(语言)

梯形图是一种从继电器控制电路图演变而来的图形语言。它是借助类似于继电器的动合、动断触点、线圈以及串、并联等术语和符号,根据控制要求连接而成的表示 PLC 输入和输出之间逻辑关系的图形。梯形图中常用 ⊢⊢、⊬⊬ 图形符号分别表示 PLC 编程元件的动合和动断触点;用( )表示线圈。梯形图中编程元件的种类用图形符号及标注的字母或数加以区别。触点和线圈等组成的独立电路称为网络,用编程软件生成的梯形图和语句表程序中有网络编号,允许以网络为单位给梯形图加注释。

梯形图的设计应注意到以下三点:

A. 梯形图按从左到右、自上而下的顺序排列。每一逻辑行(或称梯级)起始于左母线,然后是触点的串、并连接,最后是线圈。

B. 梯形图中每个梯级流过的不是物理电流,而是"概念电流",从左流向右,其两端没有电源。这个"概念电流"只是形象地描述用户程序执行中应满足线圈接通的条件。

C. 输入寄存器用于接收外部输入信号,而不能由 PLC 内部其他继电器的触点来驱动。因此,梯形图中只出现输入寄存器的触点,而不出现线圈。输出寄存器则输出程序的执行结果给外部输出设备,当梯形图中的输出寄存器线圈得电时,就有信号输出,但不是直接驱动输出设备,而要通过输出接口的继电器、晶体管或晶闸管才能实现。输出寄存器的触点也可供内部编程使用。

(2) 指令语句表

指令语句表是一种用指令助记符来编制 PLC 程序的语言,它类似于计算机的汇编语言,但比汇编语言易懂易学,若干条指令组成的程序就是指令语句表。一条指令语句是由步序、指令语和作用器件编号三部分组成。

9.1.4 可编程控制器 Simatic S7-1200 简介

S7-1200 是一款可编程逻辑控器(PLC,Programmable Logic Controller),可以控制各种自动化应用。S7-1200 设计紧凑、成本低廉且具有功能强大的指令集,这些特点使它成为控制各种应用的解决方案。S7-1200 型号和基于 Windows 的编程工具提供了解决自动化问题时需要的灵活性。

S7-1200 具有集成的 PROFINET 接口、强大的集成技术功能和可扩展性强、灵活度高的设计。它实现了通信简单和用有效的技术方案来满足一系列的独立自动化系统的应用需求。

Simatic S7-1200 系统有三种不同模块,分别是 CPU1211C、CPU1212C 和 CPU1214C。其中的每一种模块都可以进行扩展,完全满足系统需求。可以在任何 CPU 的前方加入一个信号板,轻松扩展数字量 I/O。可将信号模块连接至 CPU 的右侧,进一步扩展数字量或模拟量。CPU1214C 可连接 8 个信号模块,所有的 CPU 控制器的左侧均可以连接多达 3 个通信模块,便于实现端到端的串行通信,S7-1200 结构图如图 9-2 所示。

图 9-2 中输入/输出指示灯如图 9-3 所示。DIa 和 DIb 为输入信号指示灯,当 PLC 检测到输入端口有输入信号时,相应的指示灯显示绿色,否则不显示。DQa 和 DQb 为输出指示灯,当输出端口置位为 1 时,相应的指示灯也显示绿色,否则不显示。图 9-2 中的系统指示灯如图 9-4 所示,其功能如下:

RUN/STOP 指示当前 PLC 的运行状态,如果显示绿色,则 PLC 处于正常运行状态;如果显示黄色,则 PLC 处于停止运行状态。

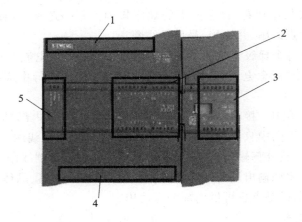

1—输入端口(保护盖下面); 2—输入/输出指示灯; 3.扩展 I/O 模块;
4—输出端口(保护盖下面); 5—系统指示灯

图 9-2　S7-1200 结构图

ERROR　该灯显示红色,表示程序运行有错误。
MAINT　该灯显示红色,表示系统维护中。

图 9-3　输入/输出指示灯

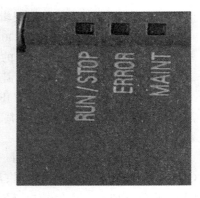

图 9-4　系统指示灯

图 9-2 中的输入端口如图 9-5 所示,其中 DIa 为数字量输入端口,共 14 个,AI 为模拟量输入口,共 2 个。图 9-2 中的输出端口如图 9-6 所示,其中 DQa 和 DQb 为数字量输出口,共 10 个,DIa、AI、DQa 和 DQb 全部引出到面板的端子排上。图 9-2 中的扩展 IO 模块为 8 个数字量输入端口和 8 个数字量输出端口,其功能和 PLC 主机上自带的数字量输入端口和数字量输出端口完全相同。

第 9 章 可编程控制器

图 9-5 输入端口

图 9-6 输出端口

9.2 可编程控制器基本指令

9.2.1 位指令

PLC 最初的设计是为了替代继电器而出现,因此,位逻辑指令类似继电器控制电路的位逻辑指令,是最基本的、最常见的。S7-1200 PLC 的位指令共分 17 种,具体形式如表 9-1 所列。

表 9-1 位指令

位指令	描述	位指令	描述
---| |---	常开触点	SR	置位复位触发器
---|/|---	常闭触点	RS	复位置位触发器
--|NOT|--	逻辑操作取反	--|P|--	P 触点
---( )---	输出线圈	--|N|--	N 触点
--(/)--	输出线圈取反	--(P)--	P 线圈
---(R)---	复位输出	--(N)--	N 线圈
---(S)---	置位输出	P_TRIG	P 触发器
SET_BF	置位指定范围的位	N_TRIG	N 触发器
RESET_BF	复位指定范围的位		

1. PLC 的触点与线圈

(1) 常开触点与常闭触点

常开触点在指定的位为 1 状态(ON)时闭合,为 0 状态(OFF)时断开。常闭触点在指定的位为 1 状态(ON)时断开,为 0 状态(OFF)时闭合。

(2) NOT 取反触点

NOT 取反触点用来转换能流输入的逻辑状态。如果没有能流流入 NOT 触点,则有能流流出;如果有能流流入 NOT 触点,则没有能流流出。

(3) 输出线圈

线圈输出指令将线圈的状态写入指定的地址,线圈通电时写入 1,断电时写入 0。在 RUN 模式下,CPU 不停地扫描输入信号,根据用户程序的逻辑处理输入状态,通过向过程映像输出写入新的输出状态值来作出响应。在写输出阶段,CPU 将存储在过程映像输出区的新的输出状态传送给对应的输出电路。

当有能流流入输出线圈时,输出线圈置位为 1,同时,输出线圈的常开触点闭合,常闭触点断开。反之置位为 0,同时,输出线圈的常开触点断开,常闭触点闭合。

当有能流流入取反输出线圈时,取反输出线圈置位为 0,同时,取反输出线圈的常开触点断开,常闭触点闭合。反之置位为 1,同时,取反输出线圈的常开触点闭合,常闭触点断开。

图 9-7(a)中,M0.0 没有能流流过,因此 M0.0 线圈输出 1,其常开触点(见图 9-7(b))M0.0 闭合,输出线圈 Q0.0 置位为 1。

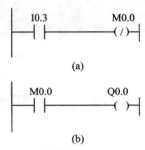

图 9-7 输出线圈与取反输出线圈

2. PLC 的常用指令

(1) 置位/复位指令

置位指令将指定的地址位置位(变为 1 状态并保持)。

复位指令将指定的地址位复位(变为 0 状态并保持)。

置位指令与复位指令最主要的特点是具备记忆和保持功能。图 9-8 中的 I0.0 的常开触点闭合,Q0.0 变为 1 状态并保持该状态。即使 I0.0 的常开触点断开,Q0.0 也仍然保持 1 状态。I0.1 的常开触点闭合时,Q0.1 变为 0 状态并保持该状态,即使 I0.1 的常开触点断开,Q0.1 也仍然保持 0 状态。

(2) 边沿检测触点指令

在图 9-9 中,中间有 P 的触点是上升沿检测触点,如果输入信号 I0.0 由 0 变为 1 状态(输入信号 I0.0 的上升沿),则该触点接通一个扫描周期。上升沿检测触点不能放在电路结束处。上升沿检测触点下面的 M0.0 为边沿存储位,用来存储上一次扫描循环时 I0.0 的状态。

在图 9-9 中,中间有 N 的触点是下降沿检测触点,如果输入信号 I0.1 由 1 变为

0 状态(输入信号 I0.1 的下降沿),则该触点接通一个扫描周期。下降沿检测触点不能放在电路结束处。下降沿检测触点下面的 M0.1 为边沿存储位,用来存储上一次扫描循环时 I0.1 的状态。

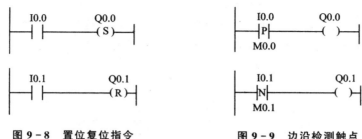

图 9-8 置位复位指令　　　　图 9-9 边沿检测触点

(3) 边沿检测线圈指令

图 9-10 中,中间有 P 的线圈时上升沿检测线圈,仅在流进该线圈的能流的上升沿(线圈由断电变为通电),输出位 M1.0 为 1 状态,M5.0 为边沿存储位。

图 9-10 中,中间有 N 的线圈时下降沿检测线圈,仅在流进该线圈的能流的下降沿(线圈由通电变为断电),输出位 M1.1 为 1 状态,M5.1 为边沿存储位。

边沿检测线圈不会影响逻辑运算结果,它对能流是畅通无阻的,其输入端的逻辑运算结果立即送给线圈的输出端。边沿检测线圈可以放置在程序段的中间或程序段的最右边。在运行时用外接的小开关使 I0.0 变为 1 状态,I0.0 的常开触点闭合,能流经 P 线圈和 N 线圈流过 Q0.0 的线圈。在 I0.0 的上升沿,M1.0 的常开触点闭合一个扫描周期,使 Q0.1 置位为 1。在 I0.0 的下降沿,M1.1 常开触点闭合一个扫描周期,使 Q0.2 置位为 1。

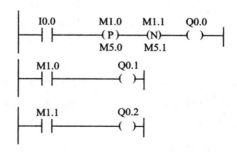

图 9-10 边沿检测线圈

9.2.2 定时器指令

S7-1200 CPU 中的定时器指令分为 TP、TON、TOF、TONR、RT,共 5 种。

1. TP: 产生脉冲指令

用户可以使用"产生脉冲"指令使输出 Q 产生一个预先设定时间的脉冲。此指令在输入 IN 发生由"0"到"1"变化时开始。当此指令开始后,不论输入的状态如何变化(甚至检测到新的上升沿),输出 Q 都将在编程时间(PT)内保持"1"的状态,直到定时时间到。

用户可以通过输出 ET 来查询定时器运行了多长时间。此时间从 T♯0s 开始,到达预设时间(PT)截止。ET 的数值可以在 PT 运行,并且输入 IN 为"1"时查询。

当用户在程序中插入"产生脉冲"指令时,需要为其指定一个用来存储参数的变量。

TP 指令的举例如图 9-11 所示。

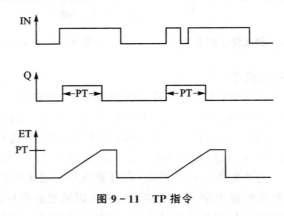

图 9-11 TP 指令

2. TON:接通延时定时器

用户可以使用"接通延迟定时"指令使输出 Q 延迟一个预先设定时间的脉冲。该指令在输入 IN 发生由"0"到"1"变化时开始。当指令开始后,定时器计时开始,当计时达到定时时间 PT 后,输出 Q 为"1"。只要输入仍为"1",则输出将保持为"1"。如果输入的状态由"1"变为"0",则输出复位。如果在输入检测到一个新的上升沿,那么定时指令将重新开始。

用户可以通过输出 ET 查询从输入 IN 出现上升沿到当前维持了多长时间。此时间从 T♯0s 开始,到达预设时间(PT)后截止。ET 的数值可以在输入 IN 为"1"时查询。当用户在程序中插入"接通延时定时"指令时,需要为其指定一个用来存储参数的变量。TON 指令的举例如图 9-12 所示。

3. TOF:断开延时定时器

输出 Q 在输入 IN 发生由"0"到"1"的变化时开始被置位为 1。当 IN 由"1"变为"0"时,定时器开始计时,在计时时间没有达到预设时间 PT 时,输出 Q 保持为 1,当到达 PT 时间后,输出 Q 为"0"。如果输入 IN 在 PT 时间之内又变为"1",则定时器被复位,输出保持为"1"。

用户可以通过输出 ET 来查向定时器运行了多长时间。此时间从 T♯0s 开始,到达预设时间(PT)截止。在输入 IN 变回"1"之前,ET 的数值保持当前值。如果在

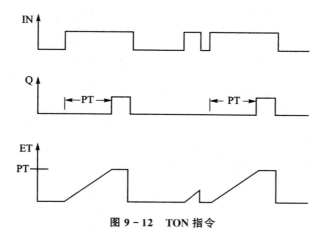

图 9-12　TON 指令

到达 PT 时间之前输入 IN 变为"1",那么输出 ET 将复位为数值 T♯0。

当用户在程序中插入"断开延迟"指令时,需要为其指定一个用来存储参数的变量。TOF 指令的举例如图 9-13 所示。

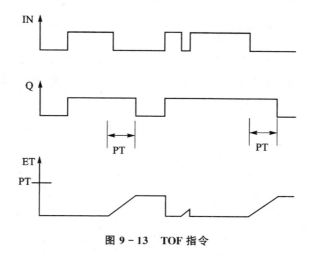

图 9-13　TOF 指令

4. TONR：保持型接通延时定时器

用户可以使用"保持型接通延时定时"指令来累计计时一个预先设定的时间 PT。当输入 IN 为"1"时,指令开始计时。指令累计计时输入 IN 为"1"的时间,此时间可以通过输出 ET 查询。当设定的 PT 时间到达时,输出 Q 变为"1"。无论 IN 的状态如何,复位输入信号 R 由 0 变为 1 时,将复位输出 ET 及 Q 为 0 的状态。

当用户在程序中插入"保持型接通延时定时"指令时,需要为其指定一个用来存储参数的变量。TONR 指令的举例如图 9-14 所示。

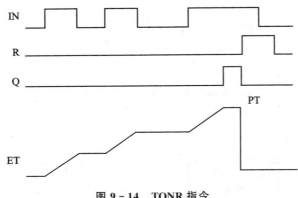

图 9-14 TONR 指令

5. RT 指令

RT 指令可以复位定时器。在 S7-1200 CPU 中，定时器没有编号，用户可以通过定时器使用的变量名来识别它们。复位定时器时，使用 RT 指令，并将此变量名添加到 RT 指令中即可。

9.2.3 计数器指令

S7-1200 有三种计数器：加计数器（CTU）、减计数器（CTD）和加减计数器（CTUD）。不同的计数器指令，其参数也不同，计数器指令参数的详细介绍如表 9-2 所列。

表 9-2 计数器指令参数

参数	数据类型	描述
CU,CD	BOOL	加计数或减计数
R(CTU,CTUD)	BOOL	复位计数值至 0
LOAD(CTD,CTUD)	BOOL	预设装载控制
PV	SINT,INT,DINT,USINT,UINT,UDINT	预设值
Q,QU	BOOL	如果 CV>=PV 则为 1
QD	BOOL	如果 CV<=0 则为 1
CV	SINT,INT,DINT,USINT,UINT,UDINT	当前计数值

1. 加计数器指令（CTU）

当参数 CU 由 0 变为 1 后，CTU 从 0 开始进行每次加 1 计数。如果当前计数值 CV 大于或等于预设值参数 PV，则输出参数 Q 为 1。如果参数 R 从 0 变为 1，则当前计数值被复位为 0。图 9-15 示意了一个预设值 PV 为无符号数 3 的计数器的时序逻辑。

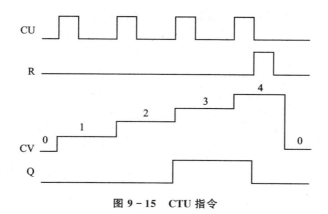

图 9-15　CTU 指令

2. 减计数器指令（CTD）

当参数 CD 由 0 变为 1 后，CTD 从 CV 值开始进行每次减 1 计数。如果当前计数值 CV 小于或等于 0，则输出参数 Q 为 1。如果参数 LOAD 从 0 变为 1，则参数 PV 的数值被装载到计数器作为新的当前值 CV。图 9-16 示意了一个预设值 PV 为无符号数 3 的计数器的时序逻辑。

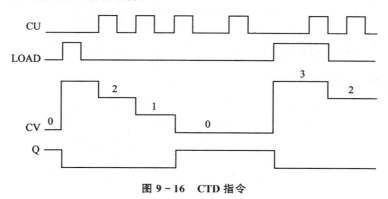

图 9-16　CTD 指令

3. 加减计数器指令（CTUD）

在加计数输入 CU 的上升沿，实际计数值 CV 加 1，直到 CV 达到指定的数据类型的上限值。达到上限值后，CV 值不再增加。在减计数输入 CD 的上升沿，实际计数值 CV 减 1，直到 CV 达到指定的数据类型的下限值。达到下限值后，CV 的值不再减小。

如果同时出现计数脉冲 CU 和 CD 的上升沿，CV 值保持不变。CV 大于等于预置计数值 PV 时，输出 QU 为 1，反之为 0。CV 小于等于 0 时，输出 QD 为 1，反之为 0。

装载输入 LOAD 为 1 状态时，预置值 PV 被装入实际计数值 CV，输出 QU 变为 1 状态，QD 被复位为 0 状态。

复位输入 R 为 1 状态时，计数器被复位。实际计数值 CV 被清零，输出 QU 变为 0 状态，QD 变为 1 状态。

R 为 1 状态时，CU、CD 和 LOAD 不再起作用。图 9-17 是加减计数器的波形图。

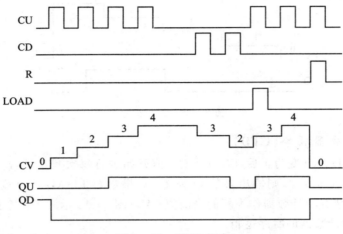

图 9-17 CTUD 指令

9.2.4 其他指令

1. 比较指令

比较指令共包括 10 种指令，如表 9-3 所列。

表 9-3 比较指令

指 令	比较结果为真的情况
==	IN1 等于 IN2
<>	IN1 不等于 IN2
>=	IN1 大于等于 IN2
<=	IN1 小于等于 IN2
>	IN1 大于等于 IN2
<	IN1 小于等于 IN2
IN_RANGE	如果数值在指定范围内，输出能流为 1
OUT_RANGE	如果数值在指定范围外，输出能流为 1
--|OK|--	如果数值为浮点数，输出能流为 1
--|NOT OK|--	如果数值不为浮点数，输出能流为 1

2. 算术指令

S7-1200 CPU 的算术指令如表 9-4 所列。

表9-4 算术指令

算术指令	功能	算术指令	功能	算术指令	功能
ADD	加法	MIN	取最小	SIN	正弦
SUB	减法	MAX	取最大	COS	余弦
MUL	乘法	LIMIT	限定输出最大最小值	TAN	正切
DIV	除法	SQR	平方	ASIN	反正弦
NEG	取反	SQRT	平方根	ACOS	反余弦
INC	加1	LN	对数	ATAN	反正切
DEC	减1	EXP	指数		
ABS	绝对值	EXPT	幂函数		

3. 移动指令

移动指令如表9-5所列。

表9-5 移动指令

指令	功能
MOVE	将指定区域的数据元素复制到一个新区域
MOVE_BLK	将指定区域的多个数据元素复制到一个新区域,复制过程可被中断
UMOVE_BLK	将指定区域的多个数据元素复制到一个新区域,复制过程不可被中断
FILL_BLK	使用某个数据填充指定区域,复制过程可被中断
UFILL_BLK	使用某个数据填充指定区域,复制过程不可被中断
SWAP	将两个数据进行字节交换,交换不影响每个字节中位数据的顺序

4. 转换指令

转换指令如表9-6所列。

表9-6 转换指令

指令	功能
CONVERT	将某个数据类型的数据转换到指定的数据类型
ROUND	将一个浮点数转换为一个数值最接近的整数
TRUNC	将一个浮点数转换为一个去掉小数部分数值的整数
CELL	将一个浮点数转换为一个最小的并大于等于次浮点数的整数
FLOOR	将一个浮点数转换为一个最大的并小于等于次浮点数的整数
SCALE_X	将一个实数 V(0.0<=V<=1.0)按照公式 OUT=V*(MAX-MIN)+MIN 输出
NORM_X	通过给定一个介于最大值及最小值之间的数值 V,按照公式 OUT=(V-MIN)/(MAX-MIN)得到一个实数 OUT

5. 程序控制指令

程序控制指令如表 9-7 所列。

表 9-7　程序控制指令

指　令	功　能
JMP	如果有能流流至 JMP 指令,则程序将跳至 JMP 指令指定标号处
JMPN	如果没有能流流至 JMP 指令,则程序将跳至 JMP 指令指定标号处
LABEL	为 JMP 和 JMPN 提供跳转标号
RET	终止当前块的执行

6. 逻辑操作指令

逻辑操作指令如表 9-8 所列。

表 9-8　逻辑操作指令

指　令	功　能
AND	完成 BYTE、WORD、DWORD 之间的与操作
OR	完成 BYTE、WORD、DWORD 之间的或操作
XOR	完成 BYTE、WORD、DWORD 之间的异或操作
INV	完成 BYTE、WORD、DWORD 之间的取反操作
ENCO	根据输入数值中被置 1 的位的位置,输出相应的数值
DECO	根据输入的数值把输出变量对应的位设置为 1
SEL	通过输入参数 G 的数值来选择将两个输入参数中的哪一个输出到输出参数 OUT 中
MUX	通过输入参数 K 的数值来选择将多个输入参数中的哪一个输出到输出参数 OUT 中

7. 移位及循环指令

移位及循环指令如表 9-9 所列。

表 9-9　移位及循环指令

指　令	功　能
SHR	将指定输入向右移动指定的 N 位,移空的位补 0
SHL	将指定输入向左移动指定的 N 位,移空的位补 0
ROR	将指定输入向右移动指定的 N 位,移空的循环填补移空的位
ROL	将指定输入向左移动指定的 N 位,移空的循环填补移空的位

9.3　SIMATIC S7-1200 编程软件简介

Step7 Basic 目前最新的版本是 V14(以下简称 Step7),是针对西门子最新的 S7-1200 系列的编程软件,其中可以包含 S7-1200 专用的触摸屏进行组态,同时也可以对 S7-1200 专用的伺服进行设定。Step7 具有以下功能:硬件配置和参数设置、通信组态、编程、测试、启动和维护、文件建档、运行和诊断功能等。

9.3.1 Step7 编程软件的界面介绍

Step7 Basic 提供了两种不同的项目视图:根据工具功能组织的面向任务的门户视图及项目中各元素组成的面向项目的项目视图。

在安装有 Step7 软件的电脑桌面找到如图 9-18 所示的图标,并双击打开,进入到 Step7 的门户视图(见图 9-19)。

门户视图提供项目任务的功能视图,并根据待完成的任务组织工具。图 9-19 分为 4 个部分,每个部分的功能如下:

① 不同任务的门户;
② 所选门户的任务;

图 9-18 软件图标

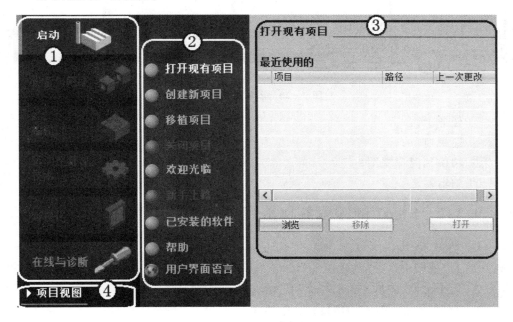

图 9-19 门户视图

③ 所选操作的选择面板;
④ 切换到项目视图。

在图 9-19 中单击项目视图,即进入项目视图界面,如图 9-20 所示。

项目视图提供了访问项目中任意组件的途径。图 9-20 分为 7 个部分,每个部分的功能如下:

① 菜单和工具栏;
② 项目浏览器;
③ 工作区;

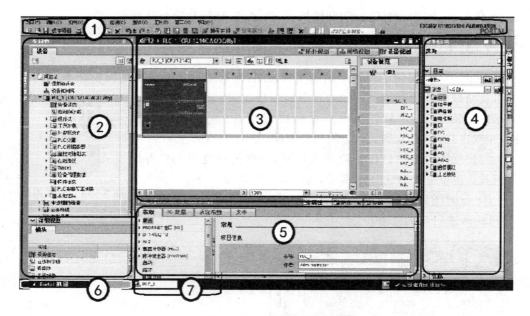

图 9-20 项目视图界面

④ 任务卡;
⑤ 巡视窗口;
⑥ 切换到门户视图;
⑦ 编辑器栏。

9.3.2 Step7 的编程实例应用

1. 新建项目

在门户视图中选择"创建新项目",输入项目名称"项目3",单击"创建"按钮则自动进入"新手上路"画面,如图 9-21 所示。

2. 组态设备(PLC,HMI)和网络

单击"组态设备"项开始对 S7-1200 的硬件进行组态,选择"添加新设备"项,右侧显示"添加新设备"画面(见图 9-22)。单击"控制器"按钮,在中间的目录树中则显示设备,通过单击每项前的图标(下三角)"SIMATIC→CPU→CPU 1214C AC/DC/Rly→6ES7 214-1BG40-0XB0",选择对应订货号的 PLC。双击该设备或者单击右下角的"添加"按钮,即可将该设备添加到项目中去。

添加新设备成功后,显示设备视图界面(见图 9-23),在正下方的常规选项卡中双击"保护"选项,并在右侧勾选"允许从远程伙伴(PLC HMI OPC)使用 PUT/GET 通信访问"。该选项将允许外部设备(如触摸屏)通过 NET 网络和 PLC 建立通信。

第 9 章 可编程控制器

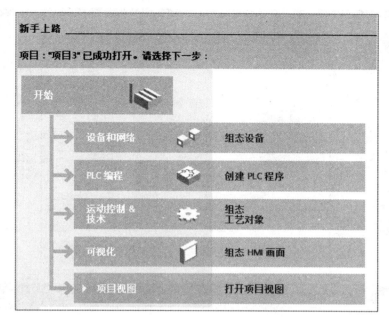

图 9-21 新手上路画面

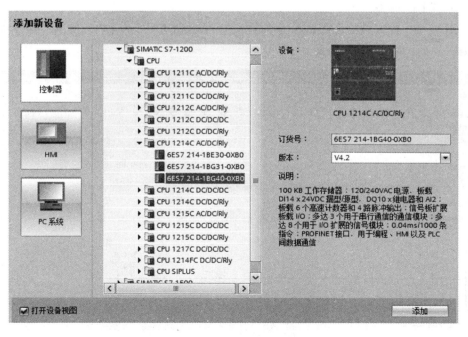

图 9-22 添加新设备

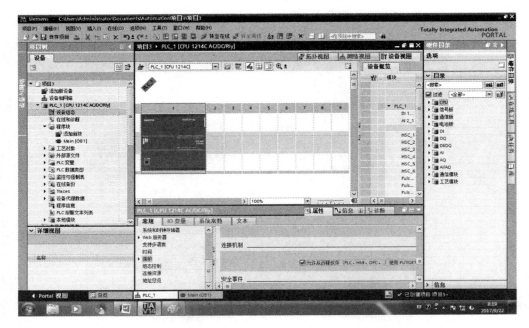

图 9-23　设备视图

3. PLC 编程

图 9-23 右侧的项目树显示了当前 PLC 中的所有块,双击"main"块,打开程序块编辑界面,如图 9-24 所示。

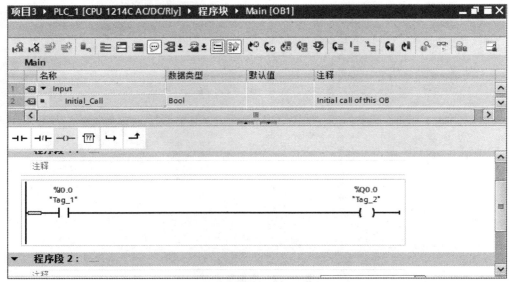

图 9-24　程序编辑界面

4. 下载项目

在上端工具栏中单击"下载到设备"按钮,显示下载程序对话框,如图 9-25 所示。PG/PC 接口类型选择"PN/IE",单击"开始搜索"按钮,如果电脑和 PLC 已经通过网线连接成功,则会显示搜索到的 PLC 设备,单击该设备,并单击"下载"按钮即可将程序下载到 PLC 中。

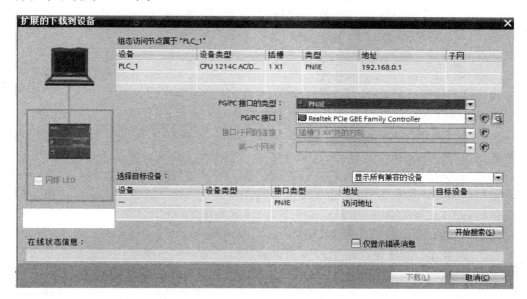

图 9-25 下载程序对话框

9.4 MCGS 工控组态软件

9.4.1 概 述

计算机技术和网络技术的飞速发展为工业自动化开辟了广阔的发展空间,用户可以方便快捷地组建优质高效的监控系统,并且通过采用远程监控及诊断、双机热备等先进技术,使系统更加安全可靠。由此 MCGS 工控组态软件将提供强有力的软件支持。

MCGS 工控组态软件是一套 32 位工控组态软件,可稳定运行于 WindowsXP/Win7/Win8 操作系统,集动画显示、流程控制、数据采集、设备控制与输出、网络数据传输、双机热备、工程报表、数据与曲线等诸多强大功能于一身,并支持国内外众多数据的采集与输出设备。

1. 软件组成

(1) 按使用环境分

MCGS 组态软件由 "MCGS 组态环境" 和 "MCGS 运行环境" 两个系统组成。两部分互相独立，又紧密相关，分述如下：

① MCGS 组态环境：该环境是生成用户应用系统的工作环境，用户在 MCGS 组态环境中完成动画设计、设备连接、编写控制流程、编制工程打印报表等全部组态工作后，生成扩展名为 .mcg 的工程文件，又称为组态结果数据库，并与 MCGS 运行环境一起，构成用户应用系统，统称为"工程"。

② MCGS 运行环境：该环境是用户应用系统的运行环境，在运行环境中完成对工程的控制工作。

(2) 按组成要素分

MCGS 工程由主控窗口、设备窗口、用户窗口、实时数据库和运行策略五部分构成：

① 主控窗口：该窗口是工程的主窗口或主框架。在主控窗口中可以放置一个设备窗口和多个用户窗口，负责调度和管理这些窗口的打开或关闭。主要的组态操作包括：定义工程的名称，编制工程菜单，设计封面图形，确定自动启动的窗口，设定动画刷新周期，指定数据库存盘文件名称及存盘时间等。

② 设备窗口：该窗口用于连接和驱动外部设备。在本窗口内配置数据采集与控制输出设备，注册设备驱动程序，定义连接与驱动设备用的数据变量。

③ 用户窗口：本窗口主要用于设置工程中人机交互的界面，诸如生成各种动画显示画面、报警输出、数据与曲线图表等。

④ 实时数据库：实时数据库是工程各个部分的数据交换与处理中心，它将 MCGS 工程的各个部分连接成有机的整体。在本窗口内定义不同类型和名称的变量作为数据采集、处理、输出控制、动画连接及设备驱动的对象。

⑤ 运行策略：本窗口主要完成工程运行流程的控制。包括编写控制程序（if…then 脚本程序），选用各种功能构件，如数据提取、历史曲线、定时器、配方操作和多媒体输出等。

2. 软件组态过程

一般来说，整套组态设计工作可做以下步骤加以区分：

(1) 工程项目系统分析

分析工程项目的系统构成、技术要求和工艺流程，弄清系统的控制流程和测控对象的特征，明确监控要求和动画显示方式，分析工程中的设备采集及输出通道与软件中实时数据库变量的对应关系，分清哪些变量是要求与设备连接的，哪些变量是软件内部用来传递数据及动画显示的。

(2) 工程立项搭建框架

MCGS 称为建立新工程。主要内容包括：定义工程名称、封面窗口名称和启动窗口(封面窗口退出后接着显示的窗口)名称,指定存盘数据库文件的名称以及存盘数据库,设定动画刷新的周期。经过此步操作,即在 MCGS 组态环境中建立了由五部分组成的工程结构框架。封面窗口和启动窗口也可等到建立了用户窗口后再行建立。

(3) 设计菜单基本体系

为了对系统运行的状态及工作流程进行有效的调度和控制,通常要在主控窗口内编制菜单。编制菜单分两步进行,第一步首先搭建菜单的框架,第二步再对各级菜单命令进行功能组态。在组态过程中,可根据实际需要,随时对菜单的内容进行增加或删除,不断完善工程的菜单。

(4) 制作动画显示画面

动画制作分为静态图形设计和动态属性设置两个过程。前一部分类似于"画画",用户通过 MCGS 组态软件中提供的基本图形元素及动画构件库,在用户窗口内"组合"成各种复杂的画面。后一部分则设置图形的动画属性,与实时数据库中定义的变量建立相关性的连接关系,以此作为动画图形的驱动源。

(5) 编写控制流程程序

在运行策略窗口内,从策略构件箱中选择所需功能策略构件,构成各种功能模块(称为策略块),由这些模块实现各种人机交互操作。MCGS 还为用户提供了编程用的功能构件(称为"脚本程序"功能构件),可使用简单的编程语言,编写工程控制程序。

(6) 完善菜单按钮功能

菜单按钮功能包括对菜单命令、监控器件、操作按钮的功能组态;实现历史数据、实时数据、各种曲线、数据报表、报警信息输出等功能;建立工程安全机制等。

(7) 编写程序调试工程

利用调试程序产生的模拟数据,检查动画显示和控制流程是否正确。

(8) 连接设备驱动程序

选定与设备相匹配的设备构件,连接设备通道,确定数据变量的数据处理方式,完成设备属性的设置。此项操作在设备窗口内进行。

(9) 工程完工综合测试

最后测试工程各部分的工作情况,完成整个工程的组态工作,实施工程交接。

9.4.2 实例组态

本实例所要达到的最终效果为:

① 在画面 0 中新建两个按钮("按钮 01"及"按钮 02")、一个指示灯(指示灯 01);
② "按钮 01"用于将 S7 - 1200 PLC 中的 M0.0 置位;
③ "按钮 02"用于将 S7 - 1200 PLC 中的 M0.0 复位;
④ "指示灯 01"利用"红""黑"两种颜色指示 S7 - 1200 PLC 中的 Q0.0 点的状

态;当 Q0.0 状态为 1 时,指示灯显示红色;当 Q0.0 状态为 0 时,指示灯显示黑色。

1. 新建工程

双击进入 MCGS 组态环境,单击"文件/新建工程",弹出"工程设置"对话框(见图 9-26)。实验所使用的触摸屏型号为 TPC1061Ti,因此在 TPC 类型中选择 TPC1061Ti 选项,其他设置根据需要自行修改。单击"确定"按钮即可新建工程。

图 9-26 新建工程设置

2. 组态设备窗口

在新建工程的界面中选择"设备窗口"选项标题栏,双击"设备窗口"图标,系统弹出设备窗口设置对话框,如图 9-27 所示。

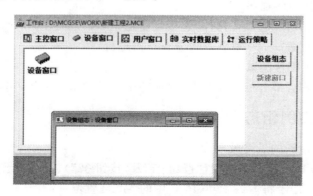

图 9-27 设备窗口设置

选中设备窗口,右击,在弹出的"设备工具箱"中单击"设备管理"按钮后,弹出"设备管理"对话框。双击对话框中左侧选择区中的"Simens_1200",将其添加至如图 9-28 所示右侧对话框中。

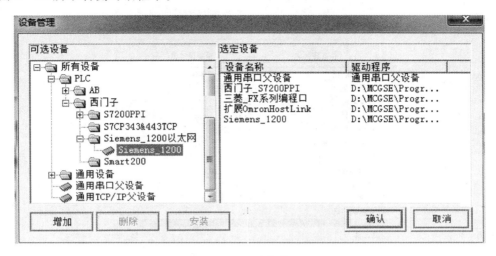

图 9-28 设备管理

添加完毕后,双击"设备工具箱"中的"Simens_1200",将其添加至如图 9-29 所示的添加设备对话框中。

图 9-29 添加设备

双击"设备 0--[Siemens_1200]",设置其参数,具体如图 9-30 所示,图中采集优化选项选择"0-不优化",本地 IP 地址为触摸屏的网络地址,统一设定为"192.168.0.11",远端 IP 地址为 PLC 的网络地址,统一设定为"192.168.0.1"。

3. 组态用户窗口

退至 MCGS 主界面,选择"用户窗口"标题栏,单击"新建窗口"按钮,新建一个新的用户窗口,选择窗口 0 图标,右键选择"设置启动窗口"选项,如图 9-31 所示。

图 9-30　设置设备属性

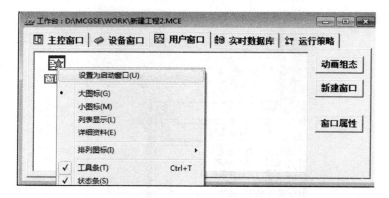

图 9-31　设置启动窗口

双击"窗口 0",打开窗口,选择"工具箱"中的按钮及矩形,将其安插到如图 9-32 所示动画组态窗口 0 中。

双击图 9-32 中左边按钮,设置其属性,出现如图 9-33 所示对话框。

双击图 9-32 中右侧按钮,设置其属性,出现如图 9-34 所示对话框。

双击矩形,设置其属性,出现如图 9-35 所示对话框。

第 9 章 可编程控制器

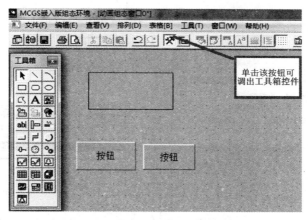

图 9-32 组态按钮及矩形

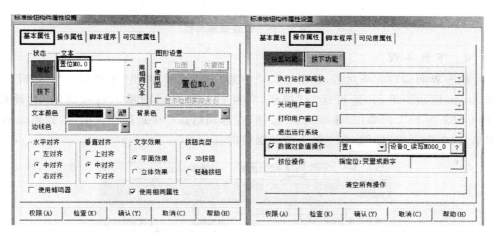

图 9-33 设置按钮 1 属性

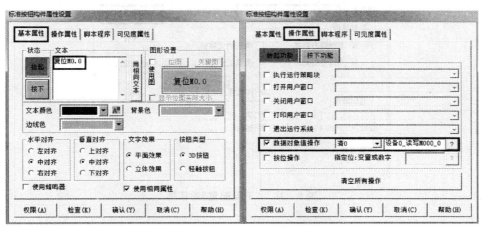

图 9-34 设置按钮 2 属性

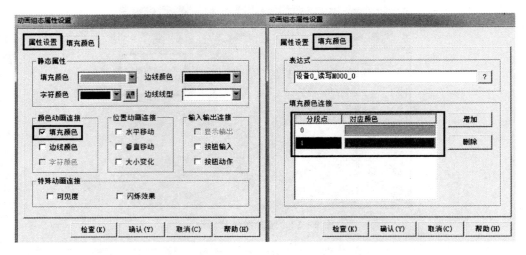

图 9-35 设置矩形属性

4. 下载工程

组态界面编写完毕之后,单击工具栏中的"下载工程"弹出"下载配置"对话框,如图 9-36 所示。单击"连机运行"按钮,并在目标机名后面输入触摸屏的 IP 地址"192.168.0.11",再单击"通讯测试"按钮,在返回信息栏中返回测试信息,如果成功,则单击"工程下载"按钮,将工程下载到触摸屏。

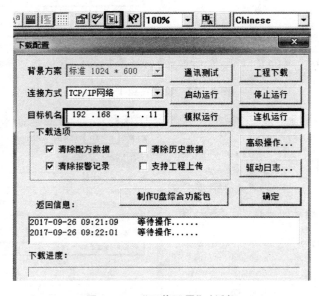

图 9-36 "下载配置"对话框

第9章 可编程控制器

5. 编写 PLC 程序

打开 Step7 软件编写如图 9-37 所示的程序并下载至 PLC 中。

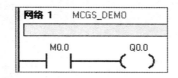

图 9-37 梯形图程序

6. 运行组态

启动触摸屏和 PLC,在触摸屏上单击"置位"和"复位"按钮,验证组态结果,如图 9-38 所示。

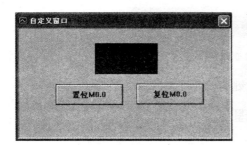
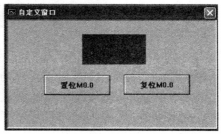

图 9-38 组态结果

9.5 变频器的基本操作和使用

SINAMICS G120 变频器输出功率为 0.75~7.5 kW,它的模块化设计将变频器分为控制单元和功率单元两个部分,适用于分布式体系结构,并能满足系统对于分布式驱动和灵活通信的需要。它还具有一个用于对变频器进行参数化、操作和可视化的操作面板,使用户操作变频器更加容易。

9.5.1 变频器操作

变频器的操作面板如图 9-39 所示。

变频器操作面板中各个按键的功能如下:

▨ 键:手动模式启动指令键。

▨ 键:手动模式停止指令键。

▨ 键:手动模式/自动模式切换键。

▨ 键:菜单切换键,用于切换菜单模式。

▨ 键:确认键,用于确定设定参数。

图 9-39 变频器面板

▲ ▼ 键:上下键,用于参数设定翻动键。

9.5.2 变频器控制回路原理

变频器控制回路原理图如图 9-40 所示。

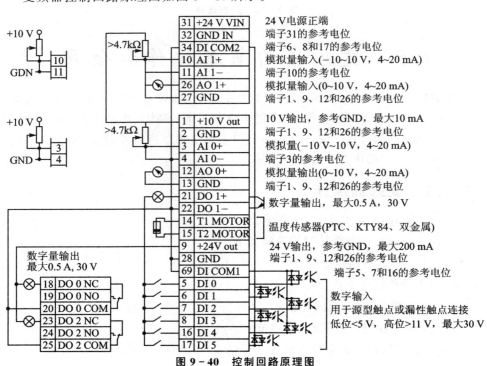

图 9-40 控制回路原理图

9.5.3 变频器的功能参数

1. 变频器的基本功能参数

变频器的功能参数如表 9-10 和表 9-11 所列。

表 9-10 变频器基本功能参数

参数编号	名 称	单 位	用 途
P96	电机选择	STANDARD(异步电机) DYNAMIC(异步和同步电机) EXPERT(第三方电机)	选择控制电机的类型
P100	电机标准	kW/50 Hz kW/60 Hz kW/60 Hz	选择区域交流电网频率
P205	过载能力	HIGH OVL(重过载) LOW OVL(轻过载)	设定输出频率的下限时使用
P300	电机型号	INDUCT(第三方异步电机) SYNC(第三方同步电机) RELUCT(第三方磁阻电机)	选择电机类型,看电机的额定铭牌
8 Hz	电机 87 Hz 运行	选第三方电机代码	直接按 OK 进入下一项
P304	额定电压	380 V	看电机的额定铭牌
P305	额定电流	0.1 A	看电机的额定铭牌
P307	额定功率	0.05 kW	看电机的额定铭牌
P310	额定频率	50 Hz	看电机的额定铭牌
P311	额定转速	1 400 r/min	看电机的额定铭牌
P335	电机冷却	SELF(自然冷却) FORCED(强制冷却) LIQUID(冷液) NO FAN(无风扇)	选择电机冷却方式
P500	选择应用	VEC STD(其他应用) PUMP FAN(泵和风机的应用) SLVC 0HZ(短时间上下坡) PUMP 0HZ(转速缓慢变化)	选择电机运用的场合
P1300	选择控制方式	VF LIN(特性曲线 V/F) VF LIN F(磁通电流控制) VF QUAD(平方特性曲线 V/F) SPD N EN(无编码器矢量)	选择变频器的控制方式

续表 9-10

参数编号	名称	单位	用途
P15	宏定义	另附	选择控制方式
P1080	电机最小转速	0.0	看电机的额定铭牌
P1081	电机最大转速	1400	看电机的额定铭牌
P1120	电机加速时间	10	停止斜坡时间
P1121	电机减速时间	10	加速斜坡时间
P1135	减速时间	OFF3 指令的减速时间	停止信号到停止的时间
P1900	电机数据检测	OFF(无电机数据测量) STIL ROT(测量静态电机数据) Rot(测量正在旋转的数据)	选择电机的检测方式
FINISH	设定完成	按 OK 选择 YES 保存数据	参数设置完成

表 9-11 宏参数 P15 说明

P15 数值	功能	相关参数
1	DI0：正转；DI1：反转；DI2：故障复位 DI4：固定转速 1；DI5：固定转速 2	P1003：设置固定转速 1 P1004：设置固定转速 2 P971：保存参数
2	DI0：启动及固定转速 1；DI1：固定转速 2 DI2：故障复位	P1001：设置固定转速 1 P1002：设置固定转速 2 P971：保存参数
3	DI0：启动及固定转速 1；DI1：固定转速 2 DI2：故障复位；DI4：固定转速 3； DI5：固定转速 4	P1001：设置固定转速 1 P1002：设置固定转速 2 P1003：设置固定转速 3 P1004：设置固定转速 4 P971：保存参数

注意：如果想更改宏参数 P15，需要使 P10=1；修改完 P15 后必须使 P10=0，否则变频器不运行。

2. 参数设置的基本操作

(1) 变更参数的设定

① 按 ESC 键切换到模式选择状态，再按"上下"键选择"SETUP"快速调试模式，先回复出厂设置，再按表 9-10 操作设定。

② 连续按 ESC 键退出到选择模式状态，再按"上下"键选择"PARAMS"参数设定模式，设置 P1003=1000R/MIN(固定频率 1)，P1004=800R/MIN(固定频率 2)，P15=1(双向两线制控制方式)。

(2) 手动运行模式

① 接通电源，显示监视画面。

② 按 [HAND/AUTO] 键切换手动模式。
③ 按 [I] 键变频器开始运行。
④ 按 [O] 键变频器停止运行。
⑤ 按 [▲] [▼] 键变频器加减速,可实现正反转。
⑥ 在监视状态下,按 OK 切换显示电流、频率、转速和电压等参数。

(3) 自动行模式

① 接通电源,显示监视画面。
② 按 [HAND/AUTO] 键切换自动模式。
③ 接通 DI0(正转)、DI1(反转)和 DI4(固定频率 1)、DI5(固定频率 2)组合接通实现运行。
④ 在监视状态下,按 OK 切换显示电流、频率、转速和电压等参数。

9.6　思考与练习

1. 简述 PLC 与个人电脑的主要区别。
2. S7-1200 可编程控制器的主要位指令有哪些?
3. 简述接通延时定时器逻辑关系。
4. S7-1200 可编程控制器面板上的 RUN/STOP 指示灯有什么作用?
5. 变频器参数 P15 有什么含意?
6. 变频器参数 P10 有什么作用?

第 10 章　PLC 控制应用实训

10.1　实训一　基于触摸屏的照明线路

1. 实训任务

使用组态软件设计一个两地控制照明线路。

2. 实训目的

① 掌握触摸屏组态软件的使用方法。
② 掌握 PLC 编程软件的使用方法。
③ 掌握触摸屏和 PLC 通信的基本方法。

3. 电路原理

如图 10-1 所示，照明电路是由一个照明灯和两个开关组成的两地控制照明电路，常用于楼道上下或走廊两端控制的照明，电路必须选用双联开关。电路的接线方法（常用的电源单线的开关接法）为：电源相线接一个双联开关的动触点接线柱，另一个开关的动触点接线柱通过开关来回线与灯座相连，两只双联开关静触点间用两根导线分别连通，这就构成了两地控制照明电路。

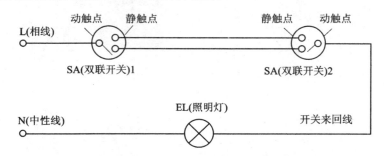

图 10-1　两地控制照明线路工作原理

4. 组态电路

打开 MCGS 组态软件（见 9.4.2 节所述），新建一个工程，并设置好设备组态参数。在用户组态窗口中，采用组态如图 10-2 所示的界面。

双击按钮，设置按钮参数如图 10-3 所示，

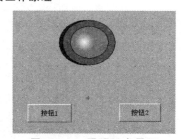

图 10-2　照明组态界面

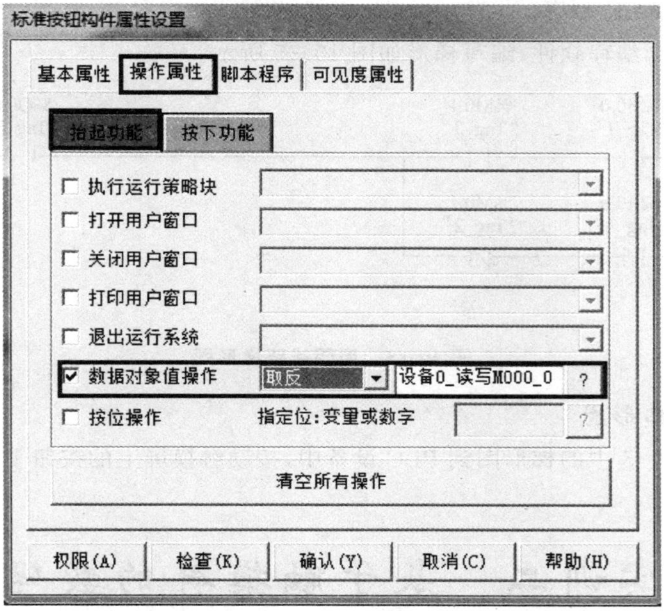

第 10 章　PLC 控制应用实训

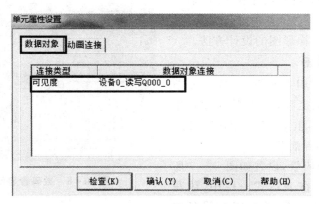

图 10-3　按钮参数设置

其中按钮 1 设置为读写 M000_0，按钮 2 设置为读写 M000_1。读写 M000_0 表示按钮将读写 PLC 设备中的 M0.0 继电器，读写 M000_1 表示按钮将读写 PLC 设备中的 M0.1 继电器。取反表示操作按钮将使对应的 M 继电器取反，即 0 变为 1，1 变为 0。

双击指示灯，设置指示灯参数如图 10-4 所示。其中读写 Q000_0 表示指示灯将由 PLC 设备中的 Q0.0 继电器控制，当 Q0.0 为 1 时，指示灯亮，当 Q0.0 为 0 时，指示灯灭。

图 10-4　指示灯参数设置

5. 编写 PLC 程序

打开 Step7 编程软件,编写梯形如图 10-5 所示。

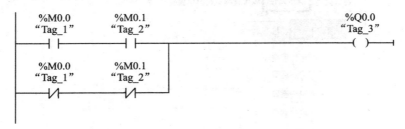

图 10-5 照明线路梯形图

6. 下载梯形图

下载图 10-5 中的梯形图到 PLC 设备中,按动触摸屏上的按钮 1 和按钮 2,观察指示灯的状态。

10.2 实训二 基于触摸屏的数码管显示

1. 实训任务

使用组态软件设计 7 段数码管显示系统,组态界面如图 10-6 所示。图中,左侧为数码显示管,可以显示 0,1,2,3,4,5,6,7,8,9 共 10 个数字。当按下右侧 10 个按钮中的任意一个,即显示相应的数字。

2. 实训目的

① 熟练掌握组态软件设计方法。

② 熟练掌握组态软件和 PLC 通信方法。

③ 熟练掌握梯形图的设计方法。

3. 组态界面

打开 MCGS 组态软件(见 9.4.2 节所述),新建一个工程,并设置好设备组态参数。在用户组态窗口中,组态如图 10-6 所示的界面。

双击 1 段数码管,设置如图 10-7 所示数码管参数。在表达式一栏中,读写 Q000_0 表示该段数码管由 PLC 设备中的 Q0.0 控制,填充颜色连接表示当 Q0.0=0 时,数码管显示灰色,当 Q0.0=1 时,数码管显示黑色。

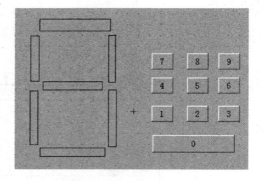

图 10-6 数码管显示界面

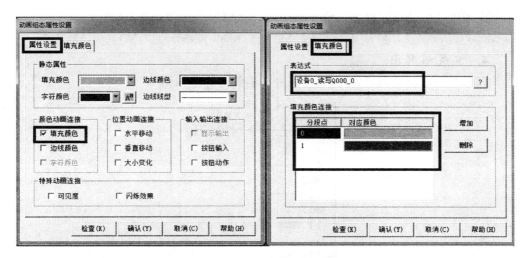

图 10-7 数码管参数设置

按照上述方法分别设置其他的 6 段数码管,其中在表达式一栏中,分别设置读写 Q000_1,Q000_2,Q000_3,Q000_4,Q000_5,Q000_6。

双击"0"按钮,按照图 10-8 所示设置按钮"0"的参数。其中,读写 M000_0 表示按钮"0"将控制 PLC 设备中的 M0.0。"按 1 松 0"表示按钮按下时 M0.0 置 1,按钮松开时 M0.0 复位为 0。

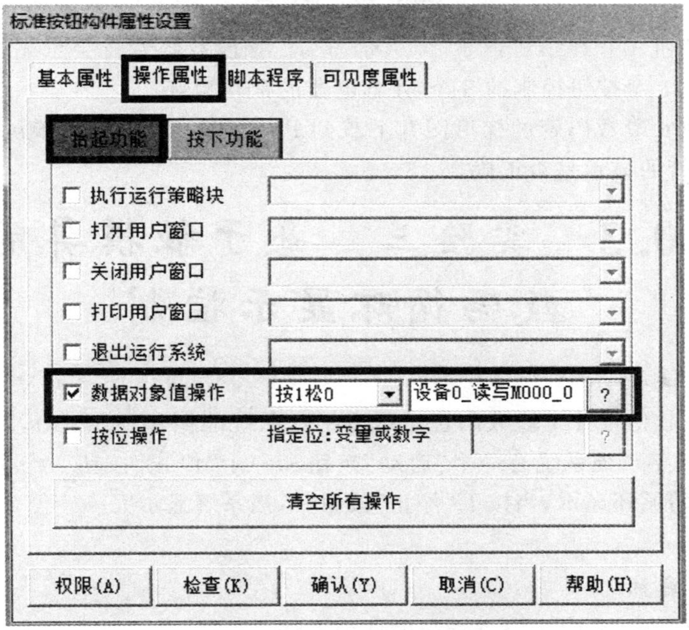

图 10-8 按钮参数设置

按照上述方法分别设置其他9个按钮,在"数据对象值操作"参数中分别设置读写 M000_1,M000_2,M000_3,M000_4,M000_5,M000_6,M000_7,M001_0,M001_1。

4. 下载梯形图

以最上方那段数码管为例,编写该段数码管的梯形如图10-9所示。

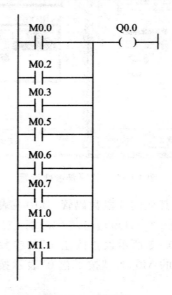

图10-9 梯形图

当按下按钮"0""2""3""5""6""7""8""9"时,该段数码管将会点亮,因此,梯形图左侧对应上述8个按钮控制的8个M继电器的常开触点。

编写其他6段数码管的梯形图并下载到PLC设备中,按动触摸屏上的0~9按钮,观察数码管的显示是否正确。

10.3 实验三 基于触摸屏的数码循环显示控制

1. 实训任务

使用组态软件设计7段数码管显示系统。系统能循环显示0,1,2,3,4,5,6,7,8,9共10个数字。该系统有一个"启动"按钮和一个"停止"按钮。当按下"启动"按钮时,系统开始循环显示,当按下"停止"按钮时,当系统显示完一个循环后,停止循环显示。

2. 实训目的

掌握梯形图中,延时定时器指令的使用方法。

10.4 实训四 基于触摸屏的十字路口交通灯控制系统

1. 实训任务

使用组态软件设计十字路口交通控制系统。

2. 实训目的

熟练掌握梯形图中各种常用指令的使用方法。

3. 控制要求

控制系统如图 10-10 所示。

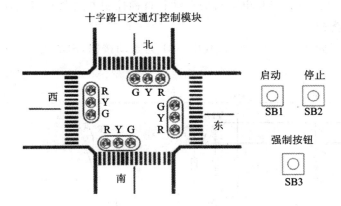

图 10-10 十字路口交通灯控制系统

设置一个启动按钮 SB1、停止按钮 SB2、强制按钮 SB3。当按下启动按钮后，信号灯控制系统开始工作，首先南北红灯亮，东西绿灯亮。按下停止按钮后，信号控制系统停止，所有信号灯灭。按下强制按钮 SB3，东西南北黄、绿灯灭，红灯亮。

工作流程如下：

南北红灯亮并保持 25 s，同时东西绿灯亮，保持 20 s，20 s 之后，东西绿灯闪亮 3 次（每周期 1 s）后熄灭。继而东西黄灯亮并保持 2 s，到 2 s 后，东西黄灯灭，东西红灯亮并保持 30 s，同时南北红灯灭，南北绿灯亮 20 s，20 s 到了之后，南北绿灯闪亮 3 次（每周期 1 s）后熄灭。继而南北黄灯亮并保持 2 s，到 2 s 后，南北黄灯灭，南北红灯亮，同时东西红灯灭，东西绿灯亮。到此完成一个循环。

10.5 实训五 PLC控制电动机点动和自锁控制

1. 实训任务

设计一个PLC电动机控制系统,该系统可以点动控制电动机运行,也可以控制电动机连续运行。

2. 实训目的

① 掌握PLC的输入端子和输出端子连接外部元器件的方法。
② 掌握使用PLC代替传统继电器控制电路的方法及编程技巧。
③ 理解并掌握三相异步电动机的点动和自锁控制方式及其实现方法。

3. 电路原理

电路原理图如图10-11所示,其中SB1为点动按钮,SB2为自锁控制按钮,SB3为停止按钮。

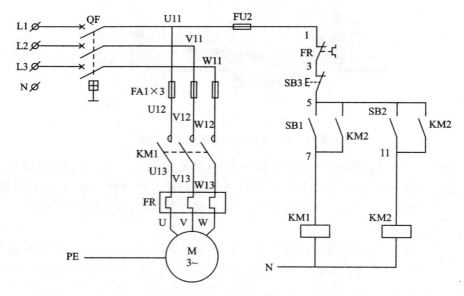

图10-11 点动和自锁控制电路原理图

4. PLC接线

PLC接线如图10-12所示。

5. 控制逻辑

① 点动控制　启动:按下按钮SB1,接触器KM1的线圈得电,电动机运行。松开SB1,电机停止运转。

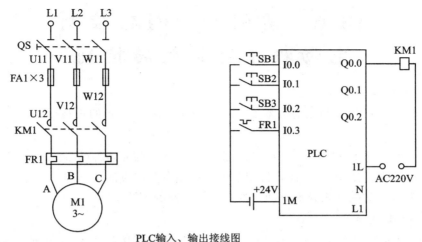

PLC输入、输出接线图

图 10-12 电动和自锁控制的 PLC 接线图

② 自锁控制　启动：按下按钮 SB2，接触器 KM2 的线圈得电并自锁，随后，KM1 线圈得电，电机运行。

③ 停止　按下停止按钮 SB3，电机停止运转。

6. 编写梯形图

编写如图 10-13 所示梯形图，并下载到 PLC 设备中。

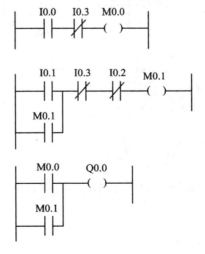

图 10-13 梯形图

10.6 实训六 PLC控制电动机手动正反转控制

1. 实训任务
设计一个PLC控制电动机系统,该系统可以控制电动机的正转和反转。

2. 实训目的
① 熟练掌握PLC的输入端子和输出端子连接外部元器件的方法。
② 熟练掌握使用PLC代替传统继电器控制电路的方法及编程技巧。
③ 理解并掌握三相异步电动机的正反转控制的方法。

3. 电路原理
电路原理如图10-14所示。其中SB1为正转控制按钮,SB2为反转控制按钮,SB3为停止按钮。

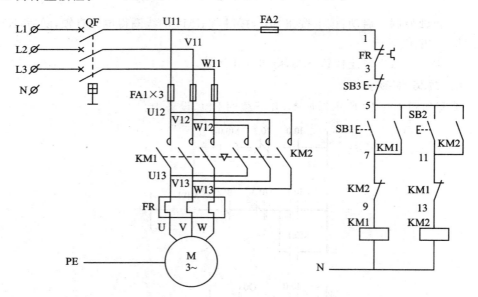

图10-14 正反转控制电路原理图

4. PLC接线
PLC接线如图10-15所示。

5. 控制逻辑
① 正转控制 启动:按下按钮SB1,接触器KM1的线圈得电,电动机正转运行。
② 反转控制 启动:按下按钮SB2,接触器KM2的线圈得电,电动机反转运行。
③ 停止 按下按钮SB3,电动机停止运转。

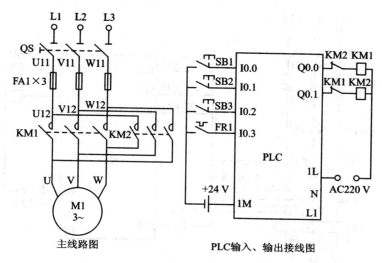

图 10-15　正反转 PLC 接线图

6. 编写梯形图

编写梯形图,并下载到 PLC 设备中,并观察电机运行情况。

10.7　实训七　PLC 控制电动机串电阻启动

1. 实训任务

设计一个 PLC 控制电动机系统,该系统可以实现电动机串电阻启动控制。

2. 实训目的

① 熟练掌握 PLC 的输入端子和输出端子连接外部元器件的方法。
② 熟练掌握使用 PLC 代替传统继电器控制电路的方法及编程技巧。
③ 学会用可编程控制器实现电动机串电阻启动控制的编程方法。
④ 掌握梯形图中接通延时定时器指令的使用方法。

3. PLC 接线

PLC 接线图如图 10-16 所示。

4. 控制逻辑

① 启动:按下按钮 SB1,电动机串电阻启动,同时定时器工作,定时 3 s 后,KM2 吸合,电动机正常运行。
② 停止:按下按钮 SB2,电动机停止运行。

5. 编写梯形图

编写梯形图,并下载到 PLC 设备中,并观察电机运行情况。

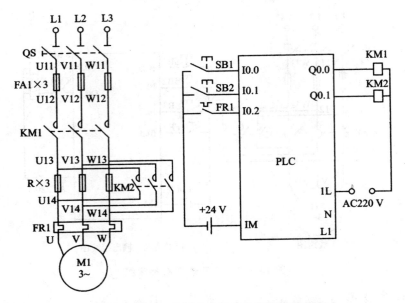

图 10-16　PLC 控制电动机串电阻启动接线图

10.8　实训八　PLC 控制电动机星/三角形启动手动控制

1. 实训任务

设计一个 PLC 控制电动机系统,该系统可以实现电动机星/三角形启动手动控制。

2. 实训目的

① 熟练掌握 PLC 的输入端子和输出端子连接外部元器件的方法。
② 熟练掌握使用 PLC 代替传统继电器控制电路的方法及编程技巧。
③ 学会用可编程控制器实现电动机星/三角形启动手动控制的编程方法。

3. PLC 接线

PLC 接线如图 10-17 所示。

4. 控制逻辑

① 星形启动:按下启动按钮 SB1,电动机以星形接法启动。
② 三角形运行:按下按钮 SB2,电动机以三角形接法运行。
③ 停止:按下按钮 SB3,电动机停止运行。
④ 注意:电动机必须先星形启动,才能进入三角形运行。

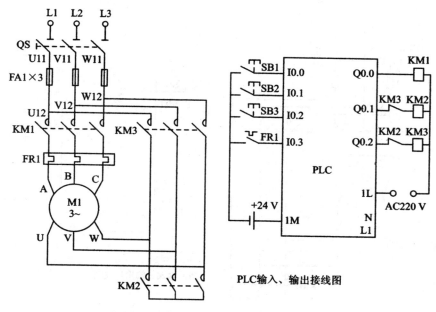

图 10-17 星/三角形启动手动控制接线图

5. 编写梯形图

编写梯形图,并下载到 PLC 设备中,并观察电机运行情况。

10.9 实训九 PLC 控制电动机星/三角形启动自动控制

1. 实训任务

设计一个 PLC 控制电动机系统,该系统可以实现电动机星/三角形启动自动控制。

2. 实训目的

① 熟练掌握 PLC 的输入端子和输出端子连接外部元器件的方法。
② 熟练掌握使用 PLC 代替传统继电器控制电路的方法及编程技巧。
③ 学会用可编程控制器实现电动机星/三角形启动自动控制的编程方法。
④ 熟练掌握定时器指令的用法。

3. PLC 接线

PLC 接线如图 10-18 所示。

4. 控制逻辑

① 星形启动:按下启动按钮 SB1,电动机以星形接法启动,同时定时器开始

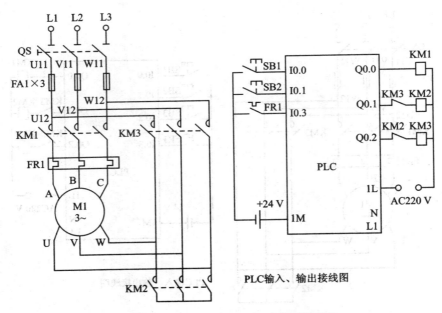

图 10-18 星/三角形启动自动控制接线图

工作。

② 三角形运行:3 s 之后,电动机自动转换为三角形运行。

③ 停止:按下按钮 SB2,电动机停止运行。

5. 编写梯形图

编写梯形图,并下载到 PLC 设备中,并观察电机运行情况。

10.10　实训十　PLC控制三相异步电动机的能耗制动

1. 实训任务

设计一个 PLC 控制电动机系统,该系统可以实现电动机能耗制动控制。

2. 实训目的

① 熟练掌握 PLC 的输入端子和输出端子连接外部元器件的方法。

② 熟练掌握使用 PLC 代替传统继电器控制电路的方法及编程技巧。

③ 学会用可编程控制器实现电动机能耗制动控制的编程方法。

④ 熟练掌握定时器指令的用法。

3. PLC 接线

PLC 接线如图 10-19 所示。

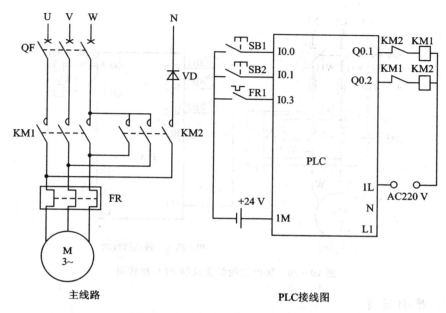

图 10-19 电动机能耗制动接线图

4. 控制逻辑

① 启动:按下按钮 SB1,电动机正常运行。

② 制动:按下按钮 SB2,电动机立即停止转动。

5. 编写梯形图

编写梯形图,并下载到 PLC 设备中,并观察电机运行情况。

10.11　实训十一　PLC 控制电动机延时正反转

1. 实训任务

设计一个 PLC 控制电动机系统,该系统可以实现电动机正转和延时反转控制。

2. 实训目的

① 熟练掌握 PLC 的输入端子和输出端子连接外部元器件的方法。

② 熟练掌握使用 PLC 代替传统继电器控制电路的方法及编程技巧。

③ 掌握梯形图中接通延时定时器指令的使用方法。

④ 学会用可编程控制器实现电动机正反转控制的编程方法.

3. PLC 接线

PLC 接线图如图 10-20 所示。

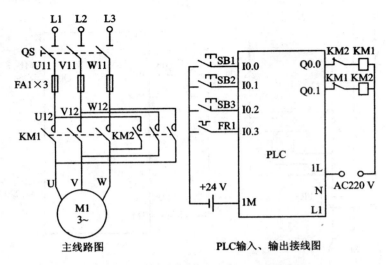

图 10-20 延时控制的正反转 PLC 接线图

4. 控制逻辑

(1) 正转启动

按启动按钮 SB1，KM1 线圈得电，电机正转；延时 5 s 后，KM1 线圈失电，KM2 线圈得电，电机反转；按下按钮 SB2，延时 5 s 后，KM2 线圈失电，KM1 线圈得电，电机再次正转。

(2) 反转启动

按启动按钮 SB2，KM2 线圈得电，电机反转；延时 5 s 后，KM2 线圈失电，KM1 线圈得电，电机正转；按下按钮 SB1，延时 5 s 后，KM1 线圈失电，KM2 线圈得电，电机再次反转。

(3) 停　止

按停止按钮 SB3，接触器线圈失电，电机停止运转。

5. 编写梯形图

编写梯形图，并下载到 PLC 设备中，并观察电机运行情况。

10.12　实训十二　基于变频器外部端子的电动机点动控制

1. 实训任务

使用变频器控制电动机点动运行。

2. 实训目的

① 了解变频器外部控制端子的功能。

② 掌握变频器参数设定方法。
③ 掌握变频器控制电动机点动运行的方法。

3. 变频器接线图

变频器接线图如图 10-21 所示。

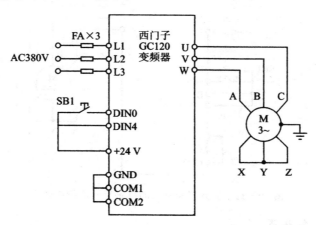

图 10-21 变频器控制电动机点动运行接线图

4. 功能参数设置

在变频器操作面板中选择 PARAMS，按照表 9-11 所列设置宏参数 P15=1，保存之后，在操作面板中选择 SETUP，按照表 9-10 所列设置变频器其他参数。

5. 操作步骤

① 检查实训设备中器材是否齐全。
② 按照变频器外部接线图完成变频器的接线，认真检查，确保正确无误。
③ 打开电源开关，正确设置变频器参数。
④ 按下按钮 SB1 按钮，观察并记录电机的运转情况。
⑤ 松开按钮 SB1 按钮待电机停止运行后。
⑥ 改变 P1003 的值，重复④、⑤步骤观察电机运转状态有什么变化。

10.13　实训十三　变频器控制电机正反转

1. 实训任务

使用变频器控制电动机的正反转运行。

2. 实训目的

① 了解变频器外部控制端子的功能。
② 掌握变频器参数的设定方法。
③ 掌握变频器控制电动机正反转运行的方法。

3. 变频器接线图

变频器接线图如图 10-22 所示。

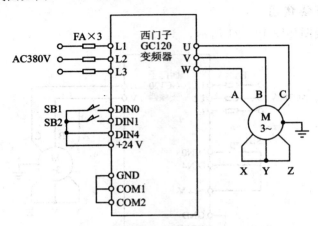

图 10-22 变频器控制电动机正反转运行接线图

4. 功能参数设置

在变频器操作面板中选择 PARAMS，按照表 9-11 所列设置宏参数 P15=1，保存之后，在操作面板中选择 SETUP，按照表 9-10 所列设置变频器其他参数。

5. 操作步骤

① 检查实训设备中器材是否齐全。
② 按照变频器外部接线图完成变频器的接线，认真检查，确保正确无误。
③ 打开电源开关，正确设置变频器参数。
④ 按下按钮 SB1 按钮，观察并记录电机的运转情况。
⑤ 松开按钮 SB1 按钮，观察并记录电机的运转情况。
⑥ 按下按钮 SB2 按钮，观察并记录电机的运转情况。
⑦ 松开按钮 SB2 按钮，观察并记录电机的运转情况。
⑧ 改变 P1003 的值，重复④、⑤、⑥、⑦步骤观察电机运转状态有什么变化。

10.14 实训十四 变频器无级调速

1. 实训任务

使用变频器控制电动机无级调速。

2. 实训目的

① 掌握变频器无级调速的参数设定方法。
② 掌握变频器控制电动机无级调速的方法。

3. 变频器接线图

变频器接线图如图 10-23 所示。

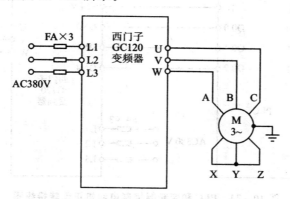

图 10-23 变频器控制电动机无级调速接线图

4. 功能参数设置

在变频器操作面板中选择 PARAMS,按照表 9-11 所列设置宏参数 P15=3,保存之后,在操作面板中选择 SETUP,按照表 9-10 所列设置变频器其他参数。

5. 操作步骤

① 检查实训设备中器材是否齐全。
② 按照变频器外部接线图完成变频器的接线,认真检查,确保正确无误。
③ 打开电源开关,正确设置变频器参数。
④ 按下操作面板按钮"▣"切换到手动模式。
⑤ 按下操作面板按钮"▣",启动变频器。
⑥ 按下操作面板按钮"▣/▣",加减速,可实现正反转。
⑦ 按下操作面板按钮"▣",停止变频器。

10.15 实训十五 基于 PLC 的变频器电机正反转控制

1. 实训任务

使用 PLC 和变频器控制电动机正反转运行。

2. 实训目的

① 掌握变频器控制电动机正反转参数的设定方法。
② 掌握 PLC 控制变频器外部端子的方法。

3. 变频器接线图

变频器接线图如图 10-24 所示。

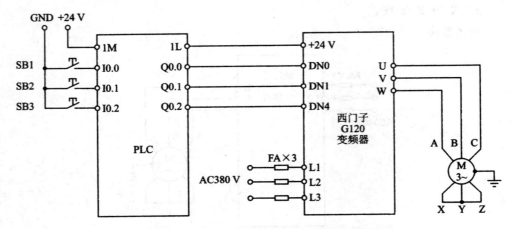

图 10-24　PLC 和变频器控制电动机正反转接线图

4. 功能参数设置

在变频器操作面板中选择 PARAMS,按照表 9-11 所列设置宏参数 P15=1,保存之后,在操作面板中选择 SETUP,按照表 9-10 所列设置变频器其他参数。

5. 操作步骤

① 检查实训设备中器材是否齐全。
② 按照图 10-24 完成 PLC 和变频器的接线,认真检查,确保正确无误。
③ 打开电源开关,正确设置变频器参数。
④ 编写梯形图并下载到 PLC 设备中。
⑤ 按下按钮 SB1,电动机正转运行。
⑥ 按下按钮 SB2,电动机反转运行。
⑦ 按下按钮 SB3,电动机停止运行。

附 录

附录A 电工仪表中各符号的含义

附表1为电工仪表中各符号的含义一览。

附表1 电工仪表中各符号的含义

符号	名称	符号	名称	符号	名称
测量单位符号		电流种类及不同额定值标准符号		精确度符号	
A	安培	━ ━	直流	✓1.5	以标度尺长度百分数表示的精确度等级,例如1.5级
mA	毫安	∿	交流		
μA	微安			①1.5	以指示值的百分数表示的精确度等级,例如1.5级
kV	千伏	≃	交、直流		
V	伏特				
mV	毫伏	3N∿	三相交流	端钮、转换开关、调零器和止动器符号	
kW	千瓦	$u_{max}=1.5\,u_H$	最大容许电压为额定值的1.5倍	╋	正端钮
W	瓦特				
kvar	千乏	$I_{max}=2I_H$	最大容许电流为额定值的2倍	━	负端钮
var	乏				
kHz	千赫	R_d	定值导线	✳	公共端钮
Hz	赫兹	$\dfrac{I_1}{I_2}=\dfrac{500A}{5A}$	接电流互感器 500A∶5A	∿	交流端钮
MΩ	兆欧				
kΩ	千欧	$\dfrac{u_1}{u_2}=\dfrac{3\,000\,V}{100\,V}$	接电压互感器 3 000V∶100V	⏚	接地端钮(螺钉和螺杆)
Ω	欧姆				
cos φ	功率因数	精确度符号		⌒	调零器
μF	微法	1.5	以标度尺量程百分数表示的精确度等级,例如1.5级	↑	制动方向
pF	皮法				

附录 B 部分电气设备基本文字符号

附表 2 为部分电气设备基本文字符号一览。

附表 2 部分电气设备基本文字符号

设备、装置和元器件种类	中文名称	基本文字符号 单字母	基本文字符号 双字母	旧符号（GB 315）
电容器	电容器	C	—	C
其他元器件	本表其他地方未规定的器件	E	—	—
	发热器件		EH	—
	照明灯		EL	ZD
保护器件	过电压放电器件、避雷器	F	—	BL
	具有瞬时动作的限流保护器件		FA	—
	具有延时动作的限流保护器件		FR	—
	具有延时和瞬时动作的限流保护器件		FS	—
	熔断器		FA	RD
	限压保护器件		FV	—
发生器 发电机	旋转发电机、振荡器	G	—	F
	同步发电机		GS	TF
	异步发电机		GA	YF
	旋转式或固定式变频机		GF	BP
信号器件	光指示器	H	HL	GP
	指示灯		HL	SD
继电器 接触器	—	K	—	J
	瞬时接触继电器		KA	—
	瞬时有或无继电器		KA	—
	交流继电器		KA	LJ
	闭锁接触继电器（机械闭锁或永磁铁式有或无继电器）		KL	—
	双稳态继电器		KL	—
	接触器		KM	C
	极化继电器		KP	YLJ
	簧片继电器		KR	—
	延时有或无继电器		KT	SJ
	逆流继电器		KR	NLJ

续附表 2

设备、装置和元器件种类	中文名称	基本文字符号 单字母	基本文字符号 双字母	旧符号（GB 315）
电感器 电抗器	感应线圈	L	—	GQ
	线路陷波器	L	—	DK
	电抗器（并联和串联）	L	—	—
电动机	电动机	M	—	D
	同步电动机	M	MS	TD
	可做发电机或电动机用的电机	M	MG	—
	力矩电动机	M	MT	—
电力电路的开关器件	断路器	Q	QF	DL,ZK
	电动机保护开关	Q	QM	—
	隔离开关	Q	QS	GK
电阻器	电阻器	R	—	R
	变阻器	R	—	R
	电位器	R	RP	W
	测量分路表	R	RS	FL
	热敏电阻器	R	RT	—
	压敏电阻器	R	RV	—
控制、记忆、信号电路的开关器件选择器	拨号接触器、连接级	S	—	—
	控制开关	S	SA	KK
	选择开关	S	SA	—
	按钮开关	S	SB	AN
变压器	—	T	—	B
	电流互感器	T	TA	LH
	控制电路电源用变压器	T	TC	KB
	电力变压器	T	TM	LB
	磁稳压器	T	TS	WY
	电压互感器	T	TV	YH

续附表 2

设备、装置和元器件种类	中文名称	基本文字符号		旧符号 (GB 315)
		单字母	双字母	
电气操作的机械器件	气阀	Y	—	—
	电磁铁		YA	DT
	电磁制动器		YB	ZDT
	电磁离合器		YC	CLH
	电磁吸盘		YH	DX
	电动阀		YM	—
	电磁阀		YV	DCF

附录 C　部分电气图形符号新旧对照

附表 3 为部分电气图形符号新旧对照表。

附表 3　部分电气图形符号新旧对照

新符号		旧符号	
名称	图形符号	名称	图形符号
滑线式变阻器	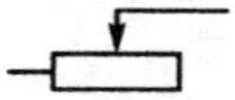	可断开电路的电阻器	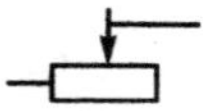
滑动触点电位器	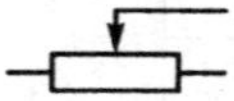	电位器的一般符号	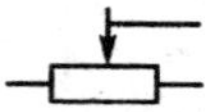
预调电位器	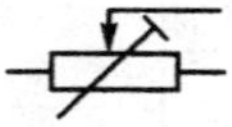	微调电位器	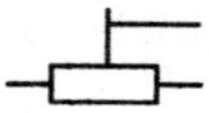

电机、变压器及变流器

三角形连接的三相绕组	△	三角形连接的三相绕组	△
开口三角形连接的三相绕组	△	开口三角形连接的三相绕组	△
星形连接的三相绕组	 Y	星形连接的三相绕组	 Y

续附表 3

新符号		旧符号	
名 称	图形符号	名 称	图形符号
中性点引出的星形连接的三相绕组		中性点引出的星形连接的三相绕组	
星形连接的六相绕组		星形连接的六相绕组	
交流测速发电机	(TG∼)	—	—
直流测速发电机	(TG=)	—	—
交流力矩电动机	(TM∼)	—	—
直流力矩电动机	(TM=)	—	—
串励直流电动机		串励式直流电机	或
并励直流电动机		并励式直流电机	
他励直流电动机		他励式直流电机	
复励直流发电机		复励式直流电机	

续附表 3

新符号		旧符号	
名　称	图形符号	名　称	图形符号
永磁直流电动机	M	永磁直流电机	
单向交流串励电动机	M	单向交流串励换向器电动机	
三相交流串励电动机	M 3~	三相串励换向器电动机	
单机永磁同步电动机	MS 1~	永磁单相同步电动机	
三相永磁同步电动机	MS 3~	三相永磁同步电动机	或
三相鼠笼异步电动机	M 3~	三相鼠笼异步电动机	
单相鼠笼异步电动机	M 1~	单机鼠笼异步电动机	

续附表 3

新符号		旧符号	
名 称	图形符号	名 称	图形符号
三相线绕转子异步电动机	(M 3~)	三相滑环异步电动机	
变压器的铁芯	——	变压器的铁芯	▬
双绕组变压器（黑点表示瞬时电压极性）	形式1 / 形式2	双绕组变压器	单线 / 多线
三绕组变压器	形式1 / 形式2	三绕组变压器	单线 / 多线
单相自耦变压器	形式1 / 形式2	单相自耦变压器	单线 / 多线

续附表 3

新符号		旧符号	
名　称	图形符号	名　称	图形符号
电抗器、扼流圈	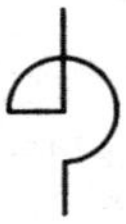	电抗器	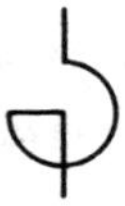
电流互感器	形式1 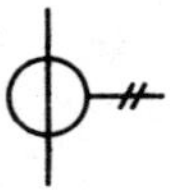 形式2 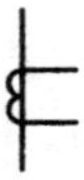	单次级绕组 电流互感器	单线 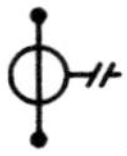 多线 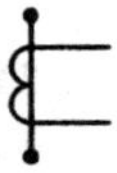

开关控制和保护装置

动合（常开）触点	形式1 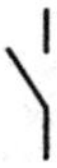 形式2 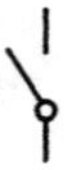	开关和转换开关的 动合（常开）触头	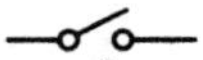 或 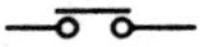
		继电器的动合 （常开）触头	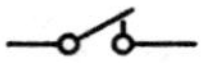 或 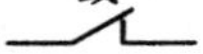
		接触器（辅助 触头、控制器的 动合（常开）触头	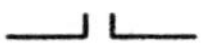
动断（常闭）触点	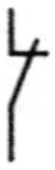	开关和转换开关的 动断（常闭）触头	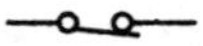 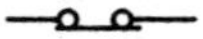
		继电器的动断 （常闭）触头	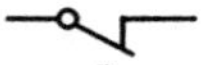 或 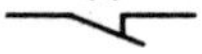
		接触器（辅助触头、 启动器、控制器的动断 （常闭）触头	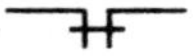

续附表 3

新符号		旧符号	
名　称	图形符号	名　称	图形符号
先断后合的转换触点		开关和转换开关的切换触点	或
		接触器和控制器的切换触点	
		单极转换的2个位置	
中间断开的双向触点		单极转换开关的3个位置	或
先合后断的转换触点（桥接）	形式1 形式2	不切断转换开关的触点	
		继电器先合后断的触点	
		接触器、启动器、控制器的不切断切换触点	
延时闭合的动合触点		时间继电器延时闭合的动合（常开）触点	
		接触器延时闭合的动合（常开）触点	
延时断开的动合触点		时间继电器延时开启的动合（常开）触点	
		接触器延时开启的动合（常开）触点	
延时闭合动断（常闭）触点		时间继电器延时闭合动断（常闭）触点	
		接触器延时闭合动断（常闭）触点	

续附表 3

新符号		旧符号	
名　称	图形符号	名　称	图形符号
延时断开动断（常闭）触点		时间继电器延时开启动断（常闭）触点	
		接触器延时开启动断（常闭）触点	
吸合时延时闭合和释放时延时断开的动合（常开）触点		时间继电器延时闭合和延时开启动合（常开）触点	
		接触器延时闭合和延时开启动合（常开）触点	
手动开关的一般符号		—	—
动合（常开）按钮开关（不闭锁）		带动合（常开）触点，能自动返回的按钮	
动断（常闭）按钮开关（不闭锁）		带动断（常闭）触点，能自动返回的按钮	
带动断（常闭）和动合（常开）触点的按钮开关（不闭锁）		带动断（常闭）和动合（常开）触点，能自动返回的按钮	
拉拔开关（不闭锁）		—	—
旋钮开关、旋转开关（闭锁）		带闭锁装置的按钮	
液位开关		液位继电器触点	

续附表 3

新符号		旧符号	
名　称	图形符号	名　称	图形符号
位置开关,动合触点 限制开关,动合触点		与工作机械联动的开关动合(常开)触点	
位置开头,动断触点 限制开关,动断触点		与工作机械联动的开关动断(常闭)触点	
对两个独立电路作双向机械操作的位置或限制开关		—	—
热敏开关动合触头 (θ可用动作温度代替)		温度继电器动合(常开)触点	或
具有热元件的气体放电管荧光灯启动器		荧光灯触发器	
惯性开关(突然减速而动作)		离心式非电继电器触点	
		转速式非电继电器触点	

续附表 3

新符号		旧符号	
名　称	图形符号	名　称	图形符号
单极四位开关	形式1 形式2	单极四位转换开关	
三极开关单线表示		三极开关单线表示	或
三极开关多线表示		三极开关多线表示	或
接触器(在非动作位置触点断开)		接触器动合(常开)触头	
		带灭弧装置接触器动合(常开)触点	
		带电磁吸弧线圈接触器动合(常开)触点	
接触器(在非动作位置触点闭合)		接触器动断(常闭)触点	
		带灭弧装置接触器动断(常闭)触点	
		带电磁吸弧线圈接触器动断(常闭)触点	
负荷开关 (负荷隔离开关)		带灭弧罩的单线三极开关	
		单线三极高压负荷开关	

续附表 3

新符号		旧符号	
名　称	图形符号	名　称	图形符号
隔离开关		单极高压隔离开关	
		单线三极高压隔离开关	
具有自动释放的负荷开关		自动开关的动合（常开）触点	
断路器		自动开关的动合（常开）触点	
		高压断路器	
电动机启动器一般符号		—	—
步进启动器		—	—
调节—启动器		—	—
带自动释放的启动器		—	—
可逆式电动机：直接在线接触器式启动器或满压接触器式启动器		—	—

续附表 3

新符号		旧符号	
名　称	图形符号	名　称	图形符号
星形－三角形启动器	(符号)	—	
自耦变压器式启动器	(符号)	—	
带可控整流器的调节启动器	(符号)	—	
操作器件的一般符号	形式1 (符号)　形式2 (符号)	接触器、继电器和磁力启动器的线圈	(符号) 或 (符号)
具有两个绕组的操作器件组合表示法	(符号)	双线圈接触器和继电器的线圈	(符号) 或 (符号)
具有两个绕组的操作器件分离表示法	形式1 (符号)　形式2 (符号)	双线圈　　　　　　　　　　有 n 线圈时相应画出 n 个线圈	(符号)　(符号) (符号)
缓慢释放（缓放）继电器线圈	(符号)	时间继电器缓放线圈	(符号)
缓慢吸合（缓吸）继电器线圈	(符号)	时间继电器缓吸线圈	(符号)

续附表 3

新符号		旧符号	
名　称	图形符号	名　称	图形符号
缓吸和缓放继电器线圈		—	—
快速继电器(快吸和快放)的线圈		—	—
剩磁继电器的线圈	形式1 形式2	—	—
过电流继电器线圈	$U>$	过流继电器线圈	$I>$
欠电压继电器线圈	$U<$	欠压继电器线圈	$U<$
电磁吸盘		电磁吸盘	
电磁阀		电磁阀线圈	

续附表 3

新符号		旧符号	
名　称	图形符号	名　称	图形符号
电磁离合器		电磁离合器	
电磁转差离合器或电磁粉末离合器		电磁转差离合器或电磁粉末离合顺	
电磁制动器		电磁制动器	
接近传感器		—	—
接近开关动合触头			
接触传感器			
接触敏感开关动合触头			
热继电器的驱动元件(热元件)		热继电器热元件	

续附表 3

新符号		旧符号	
名　称	图形符号	名　称	图形符号
热继电器的动断（常闭）触头		热继电器常闭触头	
熔断器一般符号		熔断器	
使电端用粗线表示的熔断器		—	—
带机械连杆的熔断器（撞击器式熔断器）		—	—
熔断器式开关		刀开关—熔断器	
熔断器式隔离开关		隔离开关—熔断器	
熔断器式负荷开关		—	—
接触传感器			
接触敏感开关动合触头			
热继电器的驱动元件（热元件）		热继电器热元件	

续附表 3

新符号		旧符号	
名　称	图形符号	名　称	图形符号
热继电器动断（常闭）触头		热继电器常闭触头	
熔断器一般符号		熔断器	
供电端用粗线表示的熔断器		—	—
带机械连杆的熔断器（撞击器式熔断器）		—	—
熔断器式开关		刀开关—熔断器	
熔断器式隔离开关		隔离开关—熔断器	
熔断器式负荷开关		—	—
具有独立报警电路的熔断器		有信号的熔断器	单线　　多线
火花间隙		火花间隙	
双火花间隙		—	—
避雷器		避雷器的一般符号	

附录 D　低压电器的常用使用类别及其代号

附表 4 为低压电器的常用类别及其代号一览表。

附表 4　低压电器的常用使用类别及其代号

电流种类	使用类别代号	典型用途举例	相关产品
AC	AC-1	无感或低感负载，电阻炉	低压接触器和电动机启动器
	AC-2	绕线转子异步电动机的启动、分断	
	AC-3	笼型异步电动机的启动、运转中分断	
	AC-4	笼型异步电动机的启动、反接制动或反向运转、点动	
	AC-5a	放电灯的通断	
	AC-5b	白炽灯的通断	
	AC-6a	变压器的通断	
	AC-6b	电容器组的通断	
	AC-7a	家用电器和类似用途的低感负载	
	AC-7b	家用的电动机负载	
	AC-8a	具有手动复位过载脱扣器的密封制冷压缩机中的电动机控制	
	AC-8b	具有自动复位过载脱扣器的密封制冷压缩机中的电动机控制	
	AC-12	控制电阻负载和光耦合器隔离的固态负载	控制电路电器和开关元件
	AC-13	控制变压器隔离的固态负载	
	AC-14	控制小容量电磁铁负载	
	AC-15	控制交流电磁铁负载	
	AC-20	空载条件下闭合和断开电路	低压开关、隔离器、隔离开关及熔断器组合电器
	AC-21	通断电阻负载，包括通断适中的过载	
	AC-22	通断电阻电感混合的负载，包括通断适中的过载	
	AC-23	通断电动机负载或其他高电感负载	
AC 和 DC	A	无额定短时耐受电流要求的电路保护，即非选择性保护	低压断路器
	B	具有额定短时耐受电流要求的电路保护，即选择性保护	

续附表 4

电流种类	使用类别代号	典型用途举例	相关产品
DC	DC-1	无感或低感负载,电阻炉	低压接触器
	DC-3	并励电动机的启动,反接制动或反向动转、点动、电动机在动态中分断	
	DC-5	串励电动机的启动,反接制动或反向运转、点动、电动机在动态中分断	
	DC-6	白炽灯的通断	
	DC-12	控制电阻性负载和光耦合器隔离的固态负载	控制电路电器和开关元件
	DC-13	控制直流电磁铁	
	DC-14	控制电路中有续流电阻的直流电磁铁负载	
	DC-20	空载条件下的闭合和断开电路	低压开关、隔离器、隔离开关及熔断器组合电器
	DC-21	通断电阻负载,包括通断适度的过载	
	DC-22	通断电阻电感混合负载,包括通断适中的过载(如并励电动机)	
	DC-23	通断高电感负载(如串励电动机)	

参考文献

[1] 罗华富.维修电工实训教程[M].北京：电子工业出版社,2014.
[2] 孙晓云.电工实训[M].武汉：华中科技大学出版社,2013.
[3] 张仁醒.电工基本技能实训[M].北京：机械工业出版社,2005.
[4] 石玉才.电工实训[M].北京：机械工业出版社,2003.
[5] 向手兵.电工电子实训教程[M].成都：电子科技大学出版社,2004.
[6] 金代中.图解维修电工操作技能[M].北京：中国标准出版社,2002.
[7] 王时军.零基础轻松学会西门子S7-1200[M].北京：机械工业出版社,2014.
[8] 唐方红.机床电气与PLC实训教程[M].北京：化学工业出版社,2014.
[9] 刘建军.电工实训教程[M].北京：清华大学出版社,2012.
[10] 王龙义.电工实训项目化教程[M].北京：化学工业出版社,2012.